アルファ碁ゼロ対応

最強囲碁AI
アルファ碁
解体新書
増補改訂版

深層学習、モンテカルロ木探索、
強化学習から見たその仕組み

著 大槻知史
監修 三宅陽一郎

SHOEISHA

本書内容に関するお問い合わせについて

　このたびは翔泳社の書籍をお買い上げいただき、誠にありがとうございます。
　弊社では、読者の皆様からのお問い合わせに適切に対応させていただくため、以下の
ガイドラインへのご協力をお願い致しております。
　下記項目をお読みいただき、手順に従ってお問い合わせください。

●ご質問される前に

　弊社 Web サイトの「正誤表」をご参照ください。これまでに判明した正誤や追加情
報を掲載しています。

　　正誤表　https://www.shoeisha.co.jp/book/errata/

●ご質問方法

　弊社 Web サイトの「刊行物 Q&A」をご利用ください。

　　刊行物 Q&A　https://www.shoeisha.co.jp/book/qa/

　インターネットをご利用でない場合は、FAX または郵便にて、下記 "翔泳社愛読者サー
ビスセンター" までお問い合わせください。電話でのご質問は、お受けしておりません。

●回答について

　回答は、ご質問いただいた手段によってご返事申し上げます。ご質問の内容によって
は、回答に数日ないしはそれ以上の期間を要する場合があります。

●ご質問に際してのご注意

　本書の対象を越えるもの、記述個所を特定されないもの、また読者固有の環境に起因
するご質問等にはお答えできませんので、予めご了承ください。

●郵便物送付先および FAX 番号

　　送付先住所　〒 160-0006　東京都新宿区舟町 5
　　FAX 番号　　03-5362-3818
　　宛先　　　　㈱翔泳社 愛読者サービスセンター

※本書に記載された URL 等は予告なく変更される場合があります。
※本書の対象に関する詳細は 11 ページをご参照ください。
※本書の出版にあたっては正確な記述につとめましたが、著者や出版社などのいずれも、本書の内
　容に対してなんらかの保証をするものではなく、内容やサンプルに基づくいかなる運用結果に関
　してもいっさいの責任を負いません。
※本書に掲載されているサンプルプログラムやスクリプト、および実行結果を記した画面イメージ
　などは、特定の設定に基づいた環境にて再現される一例です。
※本書に記載されている会社名、製品名はそれぞれ各社の商標および登録商標です。
※本書の内容は、2018 年 7 月執筆時点のものです。

はじめに

天才棋士と囲碁AI「アルファ碁」の邂逅

「本当にこんな手があるのか」。かつてチェスの世界チャンピオンや将棋のトッププロ棋士たちも感じたであろう圧倒的な違和感を、イ・セドル（李世乭）九段も感じていたのでしょうか？ アルファ碁の予期せぬ手を前に、イ・セドル九段は身体を揺らしました。「またこれから学ぶことが増えましたね」。トップ棋士にそう言わしめた相手こそが、かの最強囲碁AI、アルファ碁です。

2016年3月9日。Xデーは唐突に、かつ意外に早くやってきました。グーグル・ディープマインドが開発したアルファ碁が、世界のトップ棋士の一人と言われるイ・セドル九段に勝利したのです。その後アルファ碁は3連勝。多くの関係者が固唾を飲んで見守った5連戦は、4勝1敗でアルファ碁の勝ち越しとなりました。天才棋士とアルファ碁の対決の臨場感あふれる解説については、下記の参考文献（MEMO参照）をご覧ください。

> **MEMO** ｜ 参考文献
> 『人工知能は碁盤の夢を見るか？ アルファ碁VS李世ドル』
> （ホン・ミンピョ、金 振鎬 著、洪 敏和 翻訳、東京創元社、2016）

世界に伝搬する衝撃

ですが衝撃はこれだけでは終わりませんでした。2017年1月には、囲碁対局サイト「野狐囲碁」（MEMO参照）に現れたMasterと言う謎のプレイヤが、世界ランク1位のカ・ケツ（柯潔）九段や日本の囲碁の第一人者である井山裕太九段など並いるトッププロを相手に60連勝無敗という凄まじい成績を残しました。後日この謎のプレイヤはアルファ碁の進化版であることが発表されました。

> **MEMO** ｜ 野狐囲碁
> 中国のインターネット対局サイト『野狐囲碁』
> URL http://webigojp.com/

歴史的勝利から遡ること1か月強。2016年1月27日に、ネイチャー誌に1遍の論文『Mastering the game of Go with deep neural networks and tree search』（深層ニューラルネットワークと木探索により囲碁を究める）（MEMO参照）が掲

載されました。Master（究める）と言う単語に最強囲碁AIの誇りと自信が感じられます。この論文は、もちろん前出のグーグル・ディープマインドのメンバーによるものです。この時点で既に、ヨーロッパチャンピオンに勝利。市販ソフトに対し、494勝1敗でした。日本がリードしていたはずの囲碁AI研究において、黒船が押し寄せた瞬間でした。

> **MEMO｜本書で参照するネイチャー誌のアルファ碁の論文**
>
> 『Mastering the game of Go with deep neural networks and tree search』
> (David Silver、Aja Huang、Chris J. Maddison、Arthur Guez、Laurent Sifre、George van den Driessche、Julian Schrittwieser、Ioannis Antonoglou、Veda Panneershelvam、Marc Lanctot、Sander Dieleman、Dominik Grewe、John Nham、Nal Kalchbrenner、Ilya Sutskever、Timothy Lillicrap、Madeleine Leach、Koray Kavukcuoglu、Thore Graepel、Demis Hassabis、nature、2016)
> URL https://gogameguru.com/i/2016/03/deepmind-mastering-go.pdf

本書の成り立ち

本書ではまず、プロ棋士たちの棋譜を学習させることで、トップレベルの棋士を打ち負かす囲碁AIが、いかに作られたかを解説します。また筆者の囲碁や将棋のAI開発の経験も踏まえながら、アルファ碁の強さの秘密を、少しでも多くの方に伝えることができれば、と思っています。さらに一歩進んで、アルファ碁の論文を読みたいと思っている皆様にとっての、理解の一助となれば幸いです。

一方、読者の方の中には、「AIは囲碁ほど難解なものを学習できるのだから、他のどんなものでも学習できてしまうだろう」、「このままいくと、人間の仕事はすべてAIに奪われてしまうのではないか」と、危惧する方もいるかと思います。それらの心配は、現在のところは杞憂に過ぎません。

図0.1のように、アルファ碁は、ディープラーニング、強化学習、探索の優れた性質を、エンジニアの創意

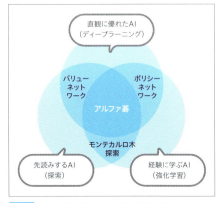

図0.1 3つのAIがアルファ碁を構成する

工夫で巧みに組合せて作られたものです。それぞれの要素に「機械学習」という技法は使われていますが、これは「人の学習」とは似て非なるものです。したがって今のところは、AIが自らの力で、次々に人間を超える成果を生み出すことはなさそ

うです。これらの誤解を解くためにも、最近急速に進歩しているAI技術のポイントも合わせて説明していきたいと考えています。

本書では次の3つの問いを起点にして、アルファ碁の仕組みを解説します。

- 囲碁AIは直観を実現できるか
- 囲碁AIは経験から学べるか
- 囲碁AIはいかにして「先読み」するか

なお本書第1版執筆時点（2017年7月現在）では、アルファ碁に関するグーグル・ディープマインドによる技術的な文献は、2016年1月掲載のネイチャー論文『Mastering the game of Go with deep neural networks and tree search』しかありませんでした。その後、2017年10月にネイチャー誌のアルファ碁ゼロの論文『Mastering the game of Go without human knowledge』（MEMO参照）において、強化学習を中心とする新たな研究成果が発表されました。そこで増補版では第6章を中心に大幅な追記を行いました。本書はこれらの論文を元にした解説である点をご理解いただければと思います。

MEMO　本書で参照するネイチャー誌のアルファ碁ゼロの論文

『Mastering the game of Go without human knowledge』
（David Silver, Julian Schrittwieser, Karen Simonyan, ioannis Antonoglou, Aja Huang, Arthur Guez, Thomas Hubert, Lucas baker, Matthew Lai, Adrian bolton, Yutian chen, Timothy Lillicrap, Fan Hui, Laurent Sifre, George van den Driessche, Thore Graepel, Demis Hassabis、nature、2017）
URL https://deepmind.com/documents/119/agz_unformatted_nature.pdf

一般に、論文は簡潔性や新規性が重視されるため、既存の重要な概念の説明が省略されることもあります。そこで本書では、「重要な概念についてはできるだけ簡単な事例から入ること」、また「事例とのアナロジーを活かすこと」を心掛け、なるべくわかりやすく説明したつもりです。一方で、行間を補い過ぎるあまり、勇み足となった部分もあるかもしれませんが、そのような箇所は、どうかご容赦いただければと思います。

本書の読者としては、理工系および情報系の学生やエンジニアを主に想定していますが、できるだけ数式には頼らない説明を心掛けたので、ぜひアルファ碁に興味のある専門外の方にも読んでいただければと思っています。

2018年7月吉日
大槻知史

監修のことば

　人類を超えた強さを持つと言われる「AlphaGo（アルファ碁）」。もはや人工知能の代名詞ともなりつつあるこの時代を代表する囲碁AIは、現代の人工知能の隆盛の立役者ディープラーニングの申し子でもあります。グーグル・ディープマインドで作られたこの人工知能は、これまでの囲碁AIの研究成果の上に、さらに革新的なアイデアをいくつも絡ませて創造された、現代で最も壮麗な人工知能の建築物（アーキテクチャ）の1つです。それは外から見るだけでも厳かな威厳があり、しかし中に入るとよりいっそう壮麗な構築物の集合です。いくえもの階層をなして折り重なり、細心の注意と大胆な着想によって設計されています。本書はそんな現代の人工知能の基本的な設計を、1つ1つ着実に解説してゆく書籍です。

　概要だけしか話されることが少ないアルファ碁の1つ1つのステップを完全に理解し、またそれを自身の技術として取り込み新しいプログラムを創造するだけの卓越した力量を持つ著者が、丁寧に1つ1つの技術を説明していきます。

　本書第1版の下敷きとなったNatureの論文は、20ページ程からなり、様々な人工知能の技術が組合されています。論文というものは、研究者の共同作業の上にあり、これまで研究された成果となる論文の上に、さらにそれを参照する形で、新しい論文がどんどんと積み上げられていきます。そして、時々、その分野の成果を集大成し、新たな局面を拓く記念すべき論文が現れます。

　本書第1版の下敷きとなる『Mastering the game of go with deep neural networks and tree search』はまさに囲碁AIの長年の成果を集大成すると同時に、新しい囲碁AIの世界を開拓した、いわば1つの山の頂点に位置する重要な論文です。ですから、人工知能の専門家はいざ知らず、研究者を問わず、技術者を問わず、誰しもが「内容を理解したい」という稀有な論文です。本書はそのような論文を理解したいというすべての方の要求に応える書です。まさに待望の書と言うに相応しい内容でしょう。

　ただこの論文に含まれている技術は多く、どこから説明してよいか、普通であれば途方にくれることでしょう。それはまず巧みに結晶化された技術をいったんほどいて1つ1つを解説したのち、再びそれらを組合せるという難しい作業です。しかし著者の大槻氏は、それを実行し得る研究者としての誠実さと、著作家としての親切さを持ち合わせた稀有な才能の持ち主であり、1つ1つの技術を丁寧に解説すると同時に、読者が道に迷わないように、読み進める地図をいたるところで用意して

くれています。それはアルファ碁という深い森を散策するための大局的な地図にあたるものであり、1つ1つの解説はその1つ1つの場所の丁寧な局所的な説明となっています。細部でわからないことがあっても、まずは読み進めてください。一見迷路のように見えた風景も、本書を読み進めてゆくうちに、さっと大きな風景が開けて、一瞬で理解できる瞬間がやってきます。いったり戻ったりしているうちに、自分が悩んでいた道が踏みならされ、理解へ進む大きな道になってゆきます。

　専門家というものは細部の細部まで完璧な正確を期す記述をしたいものです。それは研究者の本能のようなものです。しかし、それは時にはわかりにくい記述になってしまいます。あまりに細かい部分の記述の詳細をなすか、読者のためにわかりやすい記述をなすかという葛藤の中で、大槻氏はほとんどの場合に読者のためにわかりやすい解説を選んでくれています。それが、本書が卓越した良書となっている理由です。

　本書はまたアルファ碁を理解する本でありますが、同時に囲碁AI全般を理解する本でもあり、さらに人工知能全般に対する知識を身につけられる本でもあります。アルファ碁には現代の人工知能の基礎をなす技術が多く含まれており、本書を理解することは、なかなか捉えどころのない人工知能という分野の全貌を把握することでもあります。本書もまたアルファ碁を下敷きにしながらも、人工知能技術を組合せた壮麗な建築物です。この建築の内側を通り、最上階に至った時には、これまで見えなかった大きな人工知能の風景を獲得することができるでしょう。

　また本書は第1版でたいへんな好評を博しましたが、今回の増補改訂版では新しくアルファ碁の発展版である「AlphaGoZero（アルファ碁ゼロ）」の解説が追加されました。これはグーグル・ディープマインドが2017年10月に発表したNatureの論文『Mastering the game of Go without human knowledge』を下敷きにしており、人間の棋譜に頼ることなく、自己学習によってアルファ碁を完全に上回る強さを身に着ける手法が解説されています。

　読者は新しく付け加えられたアルファ碁ゼロのこの章を読まれることで、もう一段高いパラダイム、つまり、人工知能が自律した学習によって人間を超えて行く風景を目にすることでしょう。

2018年7月吉日
日本デジタルゲーム学会理事／ゲームAI研究者
三宅陽一郎

CONTENTS

はじめに 003

監修者のことば 006

本書の対象読者とダウンロードファイルについて 011

囲碁 AI の歴史 012

対局レポート
アルファ碁と世界ナンバーワン棋士・柯傑九段の最終決戦 ... 014

Chapter 1 アルファ碁の登場　031

01 ゲーム AI の歴史と進歩 032

02 天才デミス・ハサビスの登場 035

03 アルファ碁の活躍 037

04 囲碁 AI の基礎 043

05 まとめ 060

Chapter 2 ディープラーニング ～囲碁 AI は瞬時にひらめく～　061

本章で説明する技術トピックと、全体の中の位置づけ 062

01 ディープラーニングとは 064

02 手書き数字認識の例 072

03 アルファ碁における畳み込みニューラルネットワーク ... 095

04 Chainer で CNN を学習させてみる 123

05 まとめ 130

Chapter 3

強化学習
～囲碁 AI は経験に学ぶ～

131

本章で説明する技術トピックと、全体の中の位置づけ	132
01 強化学習とは	134
02 強化学習の歴史	138
03 多腕バンディット問題	142
04 迷路を解くための強化学習	148
05 テレビゲームの操作獲得のための強化学習	158
06 アルファ碁における強化学習	161
07 まとめと課題	174

Chapter 4

探索
～囲碁 AI はいかにして先読みするか～

175

本章で説明する技術トピックと全体の中の位置づけ	176
01 2人ゼロ和有限確定完全情報ゲーム	178
02 ゲームにおける探索	183
03 従来のゲーム木探索（ミニマックス木探索）	185
04 囲碁におけるモンテカルロ木探索	195
05 モンテカルロ木探索の成功要因と課題	215
06 まとめ	218

Chapter 5

アルファ碁の完成

219

01 アルファ碁の設計図	220
02 非同期方策価値更新モンテカルロ木探索（APV-MCTS）	225
03 大量のCPU・GPUの利用	234

04 アルファ碁の強さ　241

Chapter 6 アルファ碁から アルファ碁ゼロへ　243

01 はじめに　244
02 アルファ碁ゼロにおけるディープラーニング　246
03 アルファ碁ゼロにおけるモンテカルロ木探索　257
04 アルファ碁ゼロにおける強化学習　263
05 アルファ碁ゼロの強さ　278
06 アルファ碁ゼロは知識ゼロから作られたのか？　280
07 アルファ碁やアルファ碁ゼロに弱点はあるのか？　282
08 アルファ碁ゼロの先の未来　284

Appendix 1 数式について　289

01 畳み込みニューラルネットワークの学習則の導出　290
02 強化学習の学習則の導出　295

Appendix 2 囲碁プログラム用のUIソフト「GoGui」および GoGui用プログラム「DeltaGo」の利用方法　299

01 DeltaGoとは　300
02 GoGuiのインストールと
GoGui用プログラム「DeltaGo」の利用方法　301

おわりに　312
INDEX　316

本書の対象読者とダウンロードファイルについて

本書について

　本書はネイチャー（Nature）で公開されているアルファ碁に関する難解な学術論文『Mastering the game of go with deep neural networks and tree searc』と、アルファ碁ゼロに関する難解な学術論文『Mastering the game of Go without human knowledge』を著者が読み解き、アルファ碁で利用されている深層学習や強化学習、モンテカルロ木探索、そしてデュアルネットワークの仕組みについて、実際の囲碁の画面も参照しながら、わかりやすく解説した書籍です。

　本書を読むことで、最新のAIに深層学習、強化学習、モンテカルロ木探索がどのように利用されているかを知ることができ、実際の研究開発の参考にすることができます。

対象読者

- 人工知能関連の開発に携わる開発者、研究者
- ゲームAI開発者

ダウンロードファイルについて

　本書のAppendix2で紹介しているDeltaGo、GoGuiは以下のURLからダウンロードできます（2018年7月時点）。

DeltaGoのダウンロードページ

URL　http://home.q00.itscom.net/otsuki/delta.html

GoGuiのダウンロードページ

URL　https://sourceforge.net/projects/gogui/files/gogui/1.4.9/

本書の特典ファイルについて

　本書の特典ファイルは以下のURLからダウンロードできます。

特典ファイルのダウンロードページ

URL　https://www.shoeisha.co.jp/book/present/9784798157771

囲碁AIの歴史

ここで、囲碁AIの歴史について簡単に触れておきます。

図0.2に示すように、2006年ごろまで、囲碁AIの実力はアマチュア初段程度のレベルに留まっていました。ここにモンテカルロ木探索と呼ばれる画期的な手法が登場します。この手法により囲碁の「探索」が可能となり、囲碁AIの棋力は一気にアマチュア高段者レベルまで高まりました。プロに4子局で（AI側が最初に4子置いた状態からはじめて）勝てるようになったのもこの頃です。

しかし2010年ころからは再び進化の速度が鈍りました。そこに近年のディープラーニングブームがやってきます。2015年ごろから囲碁にディープラーニングを適用する研究が見られるようになり、アルファ碁は畳み込みニューラルネットワークと呼ばれる手法による学習に成功しました。またアルファ碁を作ったグーグル・ディープマインドは強化学習分野のパイオニアでもあります。本書の第5章までで紹介しているアルファ碁論文（P.004、037参照）でも、強化学習について触れられていますが、トッププロをはるかに超える強さの秘訣は、第6章で紹介するアルファ碁ゼロ論文（P.005、246参照）の新しい強化学習技術にありました。

このように見てくると、アルファ碁の技術は、探索、ディープラーニング、強化学習という技術の積み重ねの中で、生み出されてきたことがわかります。ディープラーニングと強化学習の急速な発展が、Xデーを10年早めた原動力と言えるでしょう。

本書では、これらの技術の系譜にも着目しながら、アルファ碁およびアルファ碁ゼロの技術を解説していきます。

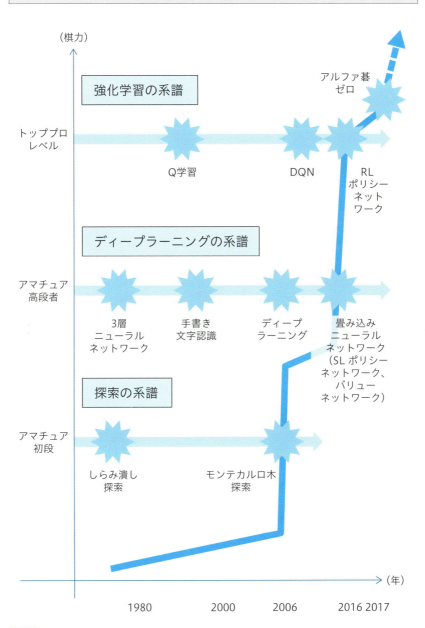

図0.2 囲碁AIの歴史

対局レポート # アルファ碁と世界ナンバーワン棋士・柯潔（か・けつ）九段の最終決戦

文：囲碁観戦記者・囲碁ライター：内藤由起子（ないとう・ゆきこ）
写真提供：Google（グーグル）

2017年5月23〜27日に行われた、アルファ碁と世界ナンバーワン棋士・柯潔九段（ 図1 ）の対局をレポートします。

図1 （左）デミス・ハサビス、（中央）柯潔九段、（右）エリック・シュミット
写真提供：Google

囲碁の未来サミット「The Future of Go Summit」の開催

　アルファ碁と世界ナンバーワン棋士・柯潔九段（中国）が三番勝負で戦う「囲碁の未来サミット（The Future of Go Summit）」が、2017年5月23〜27日に中国浙江省烏鎮「インターネットコンベンションセンター」にて行われました（図2）。

図2　壇上のエリック・シュミット
　　　写真提供：Google

　2016年3月に元世界チャンピオンの李世乭（イ・セドル）九段（韓国）との5番勝負を4勝1敗で制した時から、どれほど強くなっているのでしょうか。

　半年前（2017年6月、本書第1版執筆時点）にインターネット上に現れ、世界のトップ棋士たちを相手に60連勝した謎の打ち手「マスター」は、アルファ碁の進化版だったとの公式発表がグーグル・ディープマインドからありました。

　1回も負けない強さはもちろん、その斬新な発想は、昭和の星といわれた天才・呉清源（ご・せいげん）（1914〜2014）や、囲碁理論を確立した本因坊道策（ほんいんぼう・どうさく）（1645〜1702）をも彷彿とさせました。

　インターネット対局は1手30秒で打つ早碁。時間が少ないことは、人間に不利に働きます。

　今大会の持ち時間は一人3時間。使い切ると1手1分の秒読みがついています。

これは国際棋戦の標準的な持ち時間です。

　この対戦にかかる賞金は150万ドル、対局料は30万ドル。どれをとっても破格です。

　柯潔九段は対策を練ってきたと話していましたが、大方の棋士は、人間側が不利と予測していました。アルファ碁が半年間でさらに上達していることが、容易に予想できたからです。趙治勲（ちょう・ちくん）名誉名人は「アルファ碁の半年は、人間の600年に相当する」と表しました。

　多くの棋士は、勝ち負けよりもアルファ碁がどんな内容の碁を見せてくれるのかということに興味の中心がありました。

第1局（5月23日）：うまい廃物利用

　元中国棋院院長の王汝南（おう・じょなん）・中国囲碁協会副主席の合図で、対局が開始されました（ 図3 ）。

図3　第1局：アルファ碁と柯潔九段の対局
　　写真提供：Google

　最初に驚かせたのは、人間、黒番の柯潔九段のほうでした。

　 図4 の黒1は7手目に打たれました。「三々」（隅から数えて縦横3列目のところ）と呼ばれる手です。△の弱点にあたる好点ですが、これまではAとBあたりに両方白が既にある状況で打たれてきました。

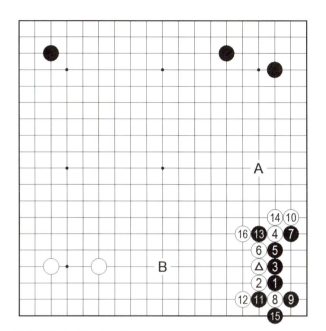

図4 第1局（黒1＝7手目）
棋譜作成：内藤由起子

　AとBあたりにない局面ですぐ黒1と三々に打つのは、悪い手だというのが定説だったのです。

　この「悪い手」を最初に見せたのは、マスター（アルファ碁）でした。そしてこの後、うまい打ち回しを見せ、相手を困らせたのです。これまでの常識を覆す1手に、話題騒然。碁界でも大いに話題になりました。

　それでは、この黒1はよい手なのでしょうか。アルファ碁の十八番を柯潔九段が奪い、その対策を問うたのです。

　アルファ碁の答えは明解でした。白4が好手で16までと、黒を隅に閉じ込め、外側に白の厚みを築く有利な「分かれ」となったのです。

　ここで早くも白はリードを奪いました。

　人間はミスをします。「まったくミスのない碁はまずない」といっていいでしょう。一方、アルファ碁は（特に）形勢がよくなるとミスをしません。そうなると人間が逆転することは、至難の業です。

　手順が進んだのが 図5 。左上の戦いで、白は左辺の四子を捨てて、左上の黒二子を取る柔軟な作戦を採りました。

対局レポート

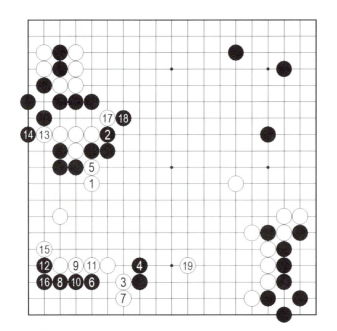

図5 白1＝50手目
棋譜作成：内藤由起子

　注目点は捨てた白四子の「廃物利用」です。

　白1とノゾいて（「ノゾく」：囲碁用語で相手の石を切ることを目的とした手）相手の応手をきいたのが、うまい手でした。

　柯潔九段としては、黒2と黒5の2つの選択肢があります。この応手によってその後の展開を決めようという高度な打ち方です。

　柯潔九段は黒2を選びました。アルファ碁が白5と切ったのは、プロ棋士を驚かせ、うならせました。白5と打っても、黒は左辺で応じる必要はありません。そこで黒6と左下で地を稼いだのですが、白19で下辺の黒二子が攻められる態勢になりました。この黒を逃がしたいのですが、白5がきいていてうまく逃げられません。

　結果として、白5が下辺方面の勢力を強化し、黒を取ることができたのです。

　白の見事な打ち回しが光った一局となりました。

第2局（5月25日）：アルファ碁の大局観

第2局（ 図6 ）で、黒番のアルファ碁は、初手を何と右下に打ちました。

図6　第2局（5月25日）
　　写真提供：Google

　ルールではありませんが、右上隅から打ちはじめるのは碁界共通の理解でエチケットとされています。初手を右上以外に打つという例は、ごくわずかですがあります。人間なら相手を心理的に揺さぶろうという意図（批判を受ける覚悟も必要です）が見え見えですが、アルファ碁はどんな目的だったのでしょうか。この疑問に対して、デミス・ハサビスは「アルファ碁は上下左右がわかっていない」と説明していました。

　最初の4手目までは白黒を変えただけで、第1局とまったく同じ進行になりました。

　白50手までが 図7 の場面で、「アルファ碁の評価値によれば、ここまで柯潔九段は完璧でした」とデミス・ハサビス。しかし白6で白の評価値が下がったといいます。

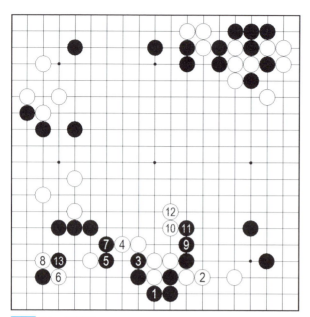

図7 黒1＝51手目
　　棋譜作成：内藤由起子

もっとも棋士らを驚かせたのが 図8 の場面です。

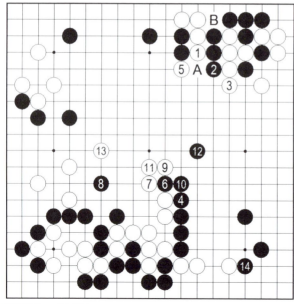

図8 白1＝76手目
　　棋譜作成：内藤由起子

白1は左下の戦いを見据えた準備ですが、黒2、白3の後、黒Aと打たれると上辺はほぼ取られて大損になります（その損は左下で回収しようという作戦）。

　白1でBに切れば、右上の黒四子が取れるところなので、黒が4でAと打つ価値は50目（囲碁の勝敗を決める単位）ほどあり、黒Aは勝敗を決してもおかしくないと人間は判断する手です。

　アルファ碁はまず黒4と、右上から離れました。白5で右上の黒はひどい状況になりました。しかし黒6から12で、下辺の白と右下の白を両方にらんで主導権を握ります。白が13と守りましたので、黒は14で右下を取って優位に立ちました。

　人間の大局観よりも、AIがまさっていることを見せつけたのです。

　この後、左下で「コウ」という形ができます。コウは、AIが苦手な形といわれてきましたが、本局ではまったく自然に進行し風評を覆しました。

ペア碁マッチ（5月26日午前）と変則団体戦（5月26日午後）

　第3局の前日、5月26日の午前中には、古力（こ・りき）九段・アルファ碁ペア（図9）と連笑（れん・しょう）九段・アルファ碁ペア（図10）によるペア碁マッチが打たれました。

図9　古力九段（右）とアルファ碁のペア
　　　写真提供：Google

図10　連笑九段（左）とアルファ碁のペア
　　　写真提供：Google

チームメイトの人間が打った手を、アルファ碁がどう評価するかなど、この対局内容のほうにも興味を示す棋士も多く見られました。

5人の棋士がアルファ碁と対戦する変則団体戦

また午後には、5人の棋士、時越（じ・えつ）九段、芈昱廷（み・いくてい）九段、唐韋星（とう・いせい）九段、陳耀燁（ちん・ようよう）九段、周睿羊（しゅう・えいよう）九段が相談しながらアルファ碁と対戦する変則団体戦が催されました（図11）。

英知が集結するので団体戦は有利に見えます。単純なミスは防げますが、マイナス点もあります。棋士それぞれに個性があり、主張があるので、一人で打つより弱くなると見る向きもありました。

図11 左から時越九段、芈昱廷九段、唐韋星九段、陳耀燁九段、周睿羊九段
　　 写真提供：Google

第3局（5月27日）：斬新な発想で完勝

第3局（図12）は柯潔九段が白番を希望し、デミス・ハサビスが快諾したため、ニギリ（白黒決める儀式）は行われませんでした。

図12 第3局（5月27日）
　　写真提供：Google

対局開始時点、何も盤上にない状態で「アルファ碁の評価値は白の勝率55％となっている」というまことしやかな情報があったと言います。それを裏付けるかのように、大会後公表された「アルファ碁対アルファ碁」の50局では、白（後手）番が38勝12敗でした。

囲碁では、先手有利を解消するために「コミ」という制度があります。最初に白にハンディキャップを与えるというもので、中国や本大会は「7目半」（「半」は便宜上引き分けをなくすもの）のルールで打たれています。

日本や韓国のコミは6目半。このコミは現代の産物で、最初は4目半からスタートし、これまでの対局から勝率が50％に近くなるように試行錯誤しながら設定を変化させてきた歴史があります。

アルファ碁のデータによれば、6目半のほうが正解に近いのかもしれません。

黒番のアルファ碁は序盤早々、斬新な発想を見せてくれました。

図13 の▲と白に迫ったのは、棋士の発想にない手でした。

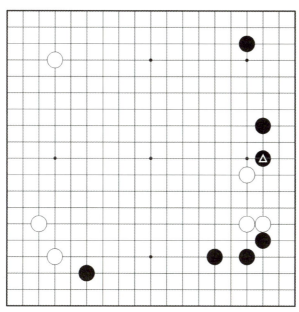

図13 ▲＝13手目
　　棋譜作成：内藤由起子

　右辺から下辺は黒の勢力圏。右辺に入ってきた白を攻めようとするのが普通で、▲は攻めより白を固める利敵行為（敵を有利に働かせる行為）に、人間は見えるのです。
　白が何か応じれば安全ですが、白は手間がかかっているわりに形が悪く地が少ない「凝り形」という悪形になる恐れもあります。アルファ碁はそれを狙ったのかもしれません。
　右辺、下辺の白が弱い状況で、柯潔九段は 図14 の白1と右下の黒を内側から様子を見ます。黒がどう応じるか難しいと思われていました。

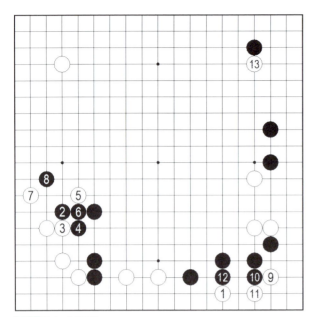

図14 白1＝20手目
棋譜作成：内藤由起子

　アルファ碁が黒2と他へ転じたのには「柔軟。頭がいい」と、高評価でした。白1にどう応じても黒の形はよくなりません。逆に「白が続けて何か打てば、黒のほうが、形がよくなる」という不思議な状況も、アルファ碁は見誤りませんでした。
　様子見に様子見で返されて、柯潔九段が戦意を喪失してもおかしくないと思われていました。柯潔九段のほうが先に白9と手を出して、黒が優位をつかみました。
　いったん優勢になると、アルファ碁は悪くなりません。本局は柯潔九段のできも悪く、このまま黒が大差で押し切りました。
　柯潔九段は局後、「アルファ碁は囲碁の神」とまで持ち上げました。相手の弱点が見当たらず、完敗だったということです。
　アルファ碁開発主任研究者のデイビット・シルバーから、「あくまでコンピュータの自己対戦によるレーティングの上ではありますが、アルファ碁は昨年の李世乭戦の時よりも、3子（アマチュアですと3段差のこと。プロの段位はその限りではない）強くなっている」と発表がありました。
　柯潔九段は19歳（1997年8月生まれ）。これまでの人生では同じくらいの棋力はいても、自分よりはっきり強い人と戦ったことがなかったでしょう。

対局中から柯潔九段は眼鏡をとって涙をぬぐうなど、苦しさをあらわにしました。人類代表として打つプレッシャーはどれほどだったでしょうか（図15）。

　これまで柯潔九段はビッグマウスとしても有名で、2016年の李世乭九段とアルファ碁の対戦の時も、「自分だったら勝てる」など豪語していました。その柯潔九段が人目もはばからず泣いたのは印象的でした。

　負けることで人間は成長します。アルファ碁は人類最強の棋士をさらに強くさせるきっかけになったかもしれません。

図15　対局で考え込む柯潔九段
　　　写真提供：Google

日本棋士の受け止め

　アルファ碁が三連勝するのは予想されたことなので、驚きととらえる人は見当たりませんでした。

　柯潔九段はアルファ碁を「囲碁の神」と表現しました。

　一方、日本の棋士のとらえ方は少し違います。

　囲碁の神様が100わかっているとしたら、人間はどれほどわかっているのか、という問いかけに、故藤沢秀行名誉棋聖が「6」と言ったとの逸話があります（晩年、「6は思い上がりだった。2か3だった」との言葉を残しています）。

　その評価を元に第一人者の井山裕太六冠に聞くと、「人間は当時とそれほど変わっていないと思います。アルファ碁ははっきり上ですが、囲碁というものを極めているとは思いません。たとえ100のうち50わかっているとしても、まだまだ50％です。また、AIが台頭することで、棋士や棋戦の価値が下がるとは思っていません。人間は心理面が勝負に影響します。極限の状況での人間の判断、パフォーマンスが、人々を感動させると思うのです」。

　世界戦で優勝経験のある張栩九段は「AIの最善は勝率なので、神様とは違う」ときっぱり。また、「アルファ碁の棋譜は今のままでは少ない。もっと棋譜が発表されたり対戦ができたりすれば研究が進み、しっかりと解析もできると思います」と語りました。

アルファ碁の今後

人間最強を破ったアルファ碁はその使命を終えたとし、引退を表明しました。

グーグル・ディープマインドのデミス・ハサビスは、今回のサミットにかかわる棋士や囲碁関係者に感謝を述べ、世界中の囲碁ファンに、スペシャルな贈り物をしたいと、以下の2つを約束しました（図16）。

1つは、過去のアルファ碁同士の対局データを10日ごとに10局ずつ、合計50局分を公開すること。もう1つは、アルファ碁の「考え方」を研究に活用できるツールを開発することです。

アルファ碁同士の対局を見た棋士はその斬新さで「かつて見たことがない。遠い未来にさえ想像できない」などと、驚愕を持ってとらえました。その驚きは、朝日新聞など一般紙でもとり上げられたほどです。

今後、研究が進めばまた、囲碁の新しい発想、ひいては未来も見えてくるに違いありません。

図16 質問を受けるデミス・ハサビス
写真提供：Google

Column | AlphaGO Teach

　AlphaGO Teach（ 図17 ）は、棋士の対局・231000局と、AlphaGoと棋士による対局・75局の棋譜データから作られた、布石のパターンを分析できるWebサービスです。何と6000種類ものパターンを再現、分析できます。
　興味のある方は、以下のサイトに作成して、分析してみてください。

・**AlphaGO Teach**
URL https://alphagoteach.deepmind.com/ja

図17 AlphaGO Teach

Chapter 1

アルファ碁の登場

ゲームAIの歴史は古く、人工知能の父とも言われるアラン・チューリングの時代から研究されてきました。チェスや将棋は既に人間のチャンピオンレベルに到達していますが、囲碁に関して言えば「あと10年はかかる」と言われていました。そこに、天才デミス・ハサビス率いるグーグル・ディープマインドがアルファ碁を引っ提げて登場し、あっという間にトッププロの実力を凌駕してしまいました。

本章の最後に、囲碁AIとはどのようなものか、またAIにとって囲碁がいかに難しいか、についても説明します。さらに、従来型の機械学習による「次の一手」を導くアプローチについても触れます。

01 ゲームAIの歴史と進歩

ここでは、アルファ碁以前の、ゲームAIの歴史と進歩について説明します。

1.1.1 アラン・チューリングとAI

　ゲームは、「ルールが明確」であり、また「強い人間プレイヤと比較しやすい」、などの理由からAI研究の題材として優れており、コンピュータの黎明期から研究対象となってきました。その中でチェスに関する研究は特に古く、人工知能の父とも言われるアラン・チューリング（MEMO参照）の時代まで遡ります。当時はコンピュータを気軽に使える時代ではなく、チューリングは紙に書いたプログラムを元に手を進めたと言われています。1950年代には最初のチェスプログラムが生まれています。

> **MEMO｜アラン・チューリング（1912〜1954）**
> イギリスのコンピュータ科学者。「チューリングマシン」と言われるコンピュータモデルを提唱するなど、コンピュータの誕生に重要な役割を果たしました。第二次大戦中に、ドイツ軍の暗号解読に携わり、「エニグマ」と呼ばれる難解な暗号を解読したことでも知られています。

　チェスでは、1997年にIBMが開発したAI『ディープ・ブルー』（MEMO参照）が世界チャンピオン ガルリ・カスパロフ（MEMO参照）に勝ち越しました。また将棋では、2013年4月にGPS将棋がA級棋士、三浦弘行八段（当時）（MEMO参照）に、2017年4月には佐藤天彦名人（MEMO参照）に勝利しました。

MEMO｜ディープ・ブルー

ディープ・ブルーはIBMが1989年から開発を開始したチェス専用のスーパーコンピュータです。1996年と1997年に当時の世界チャンピオン、ガルリ・カスパロフと対戦し、1997年には2勝1敗3引き分けでディープ・ブルーが勝ち越しました。なお当時のディープ・ブルーにはスーパーコンピュータレベルのハードウェア性能が必要でしたが、ハードウェアとソフトウェアの進歩に伴い、今やパソコン上で動くチェスプログラムでも、世界チャンピオンレベルを超える強さであると言われています。

MEMO｜ガルリ・カスパロフ（1963〜）

ロシア出身のチェスの元世界チャンピオン。史上最年少の22歳で世界チャンピオンとなった後、15年間タイトルを保持し続けた記録を持ちます。

MEMO｜三浦弘行九段（1974〜）

将棋のプロ棋士（2013年のGPS将棋との対戦時は八段）。タイトル「棋聖」の獲得経験があり、将棋界の最高ランクである順位戦A級に2001年から17年間在籍しているトップ棋士の一人です。

MEMO｜佐藤天彦名人（1988〜）

将棋のプロ棋士。2016年から「名人」のタイトルを保持するトップ棋士の一人です。

　一方囲碁は、日本の囲碁プログラム『Zen』（MEMO参照）がプロ棋士に4子局（最初に4個の石を置いた状態からはじめるハンディキャップ戦）で勝利する等の成果を上げ、既にアマチュア高段者レベルであるとみなされていました（表1.1）。しかし、人間のチャンピオンレベルになるには、「少なくともあと10年はかかる」と言われていました。

　以上の事実を 表1.1 の探索空間の大きさ（Column参照）と比べてみると、ゲームAIは、探索空間の小さい順にマスターしてきたと言えるでしょう。

MEMO｜Zen

アルファ碁登場以前は最強と目されていた囲碁AIです。アルファ碁論文では、アルファ碁の3140点に対し、商用版のZenのイロレーティングは1888点であったと評価されています。ただしその後の深層学習を利用した改良により、2017年3月には井山裕太九段に勝利するなど、Zenの実力は既にトッププロ棋士のレベルに達しているようです。

Column｜探索空間の大きさ

ここで、よく引用される、探索空間の大きさの計算方法について少し補足しておきましょう。実はこの値は、厳密な計算値というよりは、経験的なものです。

具体的には、まずゲームの平均合法手数Nと、終了までの平均手数Mを概算します。次に、このNとMとを使って、探索空間の大きさをNのM乗で概算するという方法です。

囲碁の場合、平均合法手数が250、平均手数が150と仮定して250^{150}（$\sim 10^{360}$）を探索空間の大きさと考えます。また将棋では、合法手数80手、平均手数115手と仮定して、80^{115}（$\sim 10^{220}$）のように計算します。

この考え方は下記の博士論文の6.3節に示されています。

『Searching for Solutions in Games and Artificial Intelligence』
（Louis Victor Allis、1994）
URL https://project.dke.maastrichtuniversity.nl/games/files/phd/SearchingForSolutions.pdf

---

表1.1 ゲームAIの進歩

	探索空間の大きさ	トップレベルの人間とAIの対戦結果
オセロ	10^{60}	1997年：ロジステロが世界チャンピオン村上健に勝利
チェス	10^{120}	1997年：IBMのコンピュータであるディープ・ブルーが世界チャンピオン ガルリ・カスパロフに勝ち越し
将棋	10^{220}	2013年4月：GPS将棋がA級棋士 三浦弘行八段に勝利 2017年4月：Ponanzaが佐藤天彦名人に勝利
囲碁	10^{360}	2016年3月：アルファ碁が、イ・セドル九段に勝利

出典：『情報処理学会誌 Vol.54 No.3』の「コンピュータ囲碁の最前線 - ゲーム情報学から見た九路盤囲碁 -」（P.234〜237）より引用

02 天才デミス・ハサビスの登場

アルファ碁を開発したのは、グーグル・ディープマインドの創設者の一人であるデミス・ハサビスでした。本節では、デミス・ハサビスのこれまでの活躍について紹介します。

1.2.1 神童デミス・ハサビス

グーグル・ディープマインドの創設者の一人であるデミス・ハサビスは1976年にイギリス・ロンドンに生まれました。彼自身がチェスの神童であり、13歳で既に、チェスの強さを表す指標であるイロレーティング（MEMO参照）は2300点で、超上級者の域に達していました。

> **MEMO｜イロレーティング**
>
> 複数のプレイヤの勝敗を元に、各プレイヤの実力を点数付けして表す手法です。チェスの世界では標準的に使われており、100点差の場合に強いほうが64%勝つようなモデルとなっています。
>
> チェスでは1200〜1400点が初級者、1400〜1800点が中級者、1800〜2000点が上級者の目安となっています。2017年5月時点で、世界一のプレイヤとされるマグナス・カールセンのレーティングは2800〜2900点程度であり日本一のチェスプレイヤである羽生善治のチェスのレーティングは2400点程度です。羽生善治は、将棋では言わずと知れたトップ棋士の一人ですが、実は、チェスでも日本一のプレイヤです。

デミス・ハサビスはチェスだけでなく、将棋、ポーカーなどの多くのゲームでも優れたプレイヤとして知られており、ゲームの世界選手権であるマインドスポーツオリンピアード（MEMO参照）では、5度もチャンピオンになっています。将棋のヨーロッパ代表の一員として来日したこともあります。

> **MEMO｜マインドスポーツオリンピアード**
>
> 毎年8月ごろにイギリスで開催されるマインドスポーツの総合競技大会のことで、1997年にロンドンで第1回大会が開催されたのがはじまりです。なお高い思考能力を用いて競われるゲームのことを（一種のスポーツとみなし）、マインドスポーツと

呼びます。囲碁・将棋・チェスなどのボードゲームの他、記憶力を要するカードゲームなどもマインドスポーツに含まれます。

8歳の時に、チェス大会の賞金で買ったコンピュータで、チェスとオセロAIを開発したのが、最初の実用的なAIの開発経験と言われています。

このようにデミス・ハサビスは、若くしてコンピュータゲームクリエイターとして成功していましたが、「人間の脳を研究することが人工知能解明のカギになる」（MEMO参照）と考えたデミス・ハサビスは大学博士課程では、認知神経科学を専攻しました。この神経科学の研究成果は、2007年にサイエンス誌の10大ブレークスルーの1つに選ばれています。

MEMO「人間の脳を研究することが人工知能解明のカギになる」
MIT Technology Review によるデミス・ハサビスの取材
URL http://www.technologyreview.com/news/532876/googles-intelligence-designer/

2010年には、機械学習に特化したベンチャー企業であるディープマインド・テクノロジーズを共同で立ち上げ、CEOをつとめました。グーグル・ディープマインドのWebサイト（MEMO参照）には「世界をよりよくするために知能を解明する」と言う目標を掲げています。

デミス・ハサビスの頭脳を目当てに、グーグルとフェイスブックがしのぎを削って争った末、2014年1月、ついにグーグルがディープマインドを400億円以上で買収したと話題になりました。

なすことすべてが世界的な成果となるデミス・ハサビスは、2016年には、アルファ碁への貢献により、ネイチャー誌による世界に重要な影響を与えた10人の科学者の一人に選ばれました。まさに天才です。

MEMO｜グーグル・ディープマインドのWebサイト
グーグル・ディープマインド
URL https://deepmind.com/

03 アルファ碁の活躍

 ここでは、アルファ碁の登場から現在までのプロ棋士との対戦結果を中心に、これまでの活躍について簡単に説明します。

1.3.1 アルファ碁の活躍

　アルファ碁は、このデミス・ハサビスが率いるグーグル・ディープマインドにより生み出された囲碁AIです。

　2016年1月に発表されたアルファ碁論文『Mastering the game of Go with deep neural networks and tree search』（以降本書で参照している「アルファ碁論文」は特に明記がない限り、この論文を指す）によると、2015年10月に、アルファ碁はヨーロッパチャンピオンのファン・フイ（樊麾）二段（MEMO参照）と5回対戦して、互先（ハンディキャップなし）で5勝0敗でした。

　対局条件は、持ち時間1時間で、それを過ぎると3回の30秒の考慮時間が与えられるというものです。なお、時間の短い非公式戦では、アルファ碁の3勝2敗でした（表1.2）。また当時最強の囲碁AIと言われていた『Zen』も含めた既存の囲碁AIに対し494勝1敗でした。

 MEMO ファン・フイ（樊麾）二段（1981〜）
中国出身の、囲碁のヨーロッパチャンピオン。

表1.2 アルファ碁論文の発表時点でのアルファ碁とプロ棋士（ファン・フイ二段）との対戦結果

	対局日	黒	白	結果
公式戦	2015/10/5	ファン・フイ二段	アルファ碁	アルファ碁の2目半勝ち[*1]
非公式戦	2015/10/5	ファン・フイ二段	アルファ碁	ファン・フイ二段の中押し勝ち[*2]
公式戦	2015/10/6	アルファ碁	ファン・フイ二段	アルファ碁 の中押し勝ち
非公式戦	2015/10/6	アルファ碁	ファン・フイ二段	アルファ碁 の中押し勝ち
公式戦	2015/10/7	ファン・フイ二段	アルファ碁	アルファ碁 の中押し勝ち
非公式戦	2015/10/7	ファン・フイ二段	アルファ碁	アルファ碁 の中押し勝ち
公式戦	2015/10/8	アルファ碁	ファン・フイ二段	アルファ碁 の中押し勝ち
非公式戦	2015/10/8	アルファ碁	ファン・フイ二段	アルファ碁 の中押し勝ち
公式戦	2015/10/9	ファン・フイ二段	アルファ碁	アルファ碁 の中押し勝ち
非公式戦	2015/10/9	ファン・フイ二段	アルファ碁	ファン・フイ二段の中押し勝ち

※出典：『Mastering the game of Go with deep neural networks and tree search』
（David Silver、Aja Huang、Chris J. Maddison、Arthur Guez、Laurent Sifre、George van den Driessche、Julian Schrittwieser、Ioannis Antonoglou、Veda Panneershelvam、Marc Lanctot、Sander Dieleman、Dominik Grewe、John Nham、Nal Kalchbrenner、Ilya Sutskever、Timothy Lillicrap、Madeleine Leach、Koray Kavukcuoglu、Thore Graepel、Demis Hassabis、nature、2016）より引用

[*1] 囲碁の場合、先手が有利とされているため、地の計算をする際に当てられるハンディキャップがあります。ハンディキャップは中国ルールでは7目半（7.5目）としています。半を付けているのは、引き分けが起きないようにするためです。
[*2] 中盤において、差が大きく開いてしまったため、その時点で負けているほうが投了（負けを宣言）することです。

これに続き、2016年3月に行われたのが、冒頭で紹介したイ・セドル（李世乭）九段（MEMO参照）とのグーグル・ディープマインド チャレンジマッチ（MEMO参照）です（ 表1.3 ）。

MEMO｜イ・セドル（李世乭）九段（1983～）

韓国囲碁界のトップ棋士の一人。2000年代後半から2010年代前半にかけて、世界最強の棋士であったとされています。

MEMO｜グーグル・ディープマインド チャレンジマッチ

URL http://www.pandanet.co.jp/event/dmcm/

人間には、よくも悪くも理解できない手を重ねながらアルファ碁は、最終的には人間を圧倒しました。囲碁のトップレベルの棋士の一人に4勝1敗。アルファ碁論文の時点のイロレーティング（MEMO参照）は3000点程度でしたが、イ・セドル九段と対戦した2016年3月時点では既に4000点近くに達していた（本書の **図6.12** を参照）とのことです。

MEMO │ 囲碁におけるイロレーティング

　囲碁においても強さの評価として、イロレーティングが使われることがあります。本書で参照しているアルファ碁論文では、一貫して、ファン・フイ二段を2908点に固定して、このファン・フイ二段を基準にし、レーティングを決める手法が使われています。アルファ碁論文の評価とは単純比較できませんが、世界ランク1位のカ・ケツ九段のレーティングは3600〜3700点程度です。

表1.3 アルファ碁とイ・セドル九段とのグーグル・ディープマインド チャレンジマッチの結果

2016/3/9〜2016/3/15
グーグル・ディープマインド チャレンジマッチ

日程	2016年3月9日（水）、10日（木）、12日（土）、13日（日）、15日（火）
会場	韓国・ソウル市 フォーシーズンズホテルソウル
賞金	100万ドル（約1億1千万円）
持ち時間	持ち時間2時間／60秒の秒読み3回

	対局日	黒	白	結果
第1局	2016/3/9	イ・セドル九段	アルファ碁	186手完。アルファ碁の中押し勝ち
第2局	2016/3/10	アルファ碁	イ・セドル九段	211手完。アルファ碁の中押し勝ち
第3局	2016/3/12	イ・セドル九段	アルファ碁	176手完。アルファ碁の中押し勝ち
第4局	2016/3/13	アルファ碁	イ・セドル九段	180手完。イ・セドル九段の中押し勝ち
第5局	2016/3/15	イ・セドル九段	アルファ碁	280手完。アルファ碁の中押し勝ち

※出典：パンダネット：Google DeepMind Challenge Matchより引用
URL https://www.pandanet.co.jp/event/dmcm/

なお1980年代までは、日本の独壇場だった囲碁界でしたが、1990年代以降は中国・韓国が躍進しました。2017年5月時点の囲碁の世界ランキングでは、トップ10に入る日本人棋士は井山裕太九段（MEMO参照）のみです。残りの9人はすべて中国か韓国のプロ棋士であり、かなり差を付けられています。

　さらに2016年の年末から、2017年の年始にかけて、進化版のアルファ碁が、韓国のインターネット対局サイト「東洋囲碁」（MEMO参照）と中国のサイト「野狐囲碁」（MEMO参照）に「Magister」「Master」というハンドルネームで現れました。

MEMO｜井山裕太九段（1989～）

日本囲碁界のトップ棋士の一人。2016年には日本国内の7つのタイトルすべてを独占する七冠を達成しました。タイトル獲得に関する数々の最年少記録を持っています。

MEMO｜東洋囲碁

韓国のインターネット対局サイト「東洋囲碁」
URL http://www.toyo-igo.com/

MEMO｜野狐囲碁

中国のインターネット対局サイト「野狐囲碁」
URL http://webigojp.com/

　これらのサイトで30回ずつ対戦し、トッププロを相手に60連勝無敗という記録を残しました（表1.4）。この中には、世界ランク1位のカ・ケツ九段（MEMO参照）、韓国の第一人者パク・ジョンファン九段（P.042のMEMO参照）、日本の囲碁の第一人者である井山裕太九段に対する勝利も含まれています。

MEMO｜カ・ケツ（柯潔）九段（1997～）

中国囲碁界のトップ棋士の一人です。世界最強の棋士とされていますが、2017年5月に「The Future of Go Summit」で行われたアルファ碁との3連戦では、アルファ碁に3連敗しました。

表1.4 2016年の年末から2017年の年始にかけて行われたアルファ碁とトッププロ棋士のインターネット対局の結果。60局すべてアルファ碁の勝利であった。対戦相手には、基本はハンドルネームを示したが、可能な場合には、推定されるプロ棋士の名称を括弧内に示した

東洋囲碁 (2016/12/28〜)

	対戦相手	結果
第1局	満漢	白番Magistの勝ち
第2局	燕歸來	白番Magistの勝ち
第3局	聖人	白番Magistの勝ち
第4局	卧虎 (謝爾豪)	白番Magistの勝ち
第5局	无痕 (於之瑩/ウ・ジオハ)	黒番Magistの勝ち
第6局	翔翔 (李翔宇/リ・シンユ)	黒番Magistの勝ち
第7局	重逢時 (喬智健)	黒番Magistの勝ち
第8局	三齐王 (韓一洲/ハン・イショウ)	白番Magistの勝ち
第9局	愿我能 (孟泰齡/モン・タイリン)	黒番Magistの勝ち
第10局	愿我能 (孟泰齡/モン・タイリン)	白番Magistの勝ち
第11局	風雨 (陳浩)	白番Magistの勝ち
第12局	atomy	白番Magistの勝ち
第13局	遠山君 (王昊洋)	白番Magistの勝ち
第14局	斬立決 (巖在明)	黒番Magistの勝ち
第15局	XIUZHI (朴廷桓/パク・ジョンファン)	白番Magistの勝ち
第16局	剣術 (連笑)	白番Magistの勝ち
第17局	剣術 (連笑)	白番Magistの勝ち
第18局	吻別 (柯潔/カ・ケツ)	黒番Magistの勝ち
第19局	吻別 (柯潔/カ・ケツ)	白番Magistの勝ち
第20局	XIUZHI (朴廷桓/パク・ジョンファン)	黒番Magistの勝ち
第21局	龙胆 (陳耀燁)	白番Magistの勝ち
第22局	龙胆 (陳耀ヨウ)	白番Magistの勝ち
第23局	abc2080 (金鹿賢)	黒番Magistの勝ち
第24局	XIUZHI (朴廷桓/パク・ジョンファン)	黒番Magistの勝ち
第25局	XIUZHI (朴廷桓/パク・ジョンファン)	白番Magistの勝ち
第26局	dauning	白番Magistの勝ち
第27局	ddcg (范廷鈺/ファン・ティンユ)	黒番Magistの勝ち
第28局	愿我能 (孟泰齡/モン・タイリン)	黒番Magistの勝ち
第29局	拼搏 (羋昱廷/ハン・キョウエン)	白番Magistの勝ち
第30局	930115 (唐韋星/タン・ウェイシン)	白番Magistの勝ち

野狐囲碁 (2017/1/1〜)

	対戦相手	結果
第31局	black2012 (李欽誠/リ・キンセイ)	黒番Masterの勝ち
第32局	星宿老仙 (古力/グ・リ)	白番Masterの勝ち
第33局	星宿老仙 (古力/グ・リ)	黒番Masterの勝ち
第34局	我想静了 (党毅飛)	黒番Masterの勝ち
第35局	若水云寒 (江維傑/コウ・イケツ)	白番Masterの勝ち
第36局	印城之霸 (辜梓豪)	黒番Masterの勝ち
第37局	pyh (朴永訓/パク・ヨンフン)	黒番Masterの勝ち
第38局	天选 (柁嘉熹)	黒番Masterの勝ち
第39局	jpgo01 (井山裕太)	黒番Masterの勝ち
第40局	愿我能 (孟泰齡/モン・タイリン)	白番Masterの勝ち
第41局	airforce9 (金志錫/キム・ジソク)	白番Masterの勝ち
第42局	时间之虫 (楊鼎新/テイシン)	黒番Masterの勝ち
第43局	piaojie (姜東潤/カン・トンユン)	黒番Masterの勝ち
第44局	spinmove (安成浚/アン・ソンジュン)	白番Masterの勝ち
第45局	炼心 (時越/ジエツ)	黒番Masterの勝ち
第46局	剑过无声 (連笑/レン・ショウ)	白番Masterの勝ち
第47局	段誉 (檀嘯/タン・シャオ)	黒番Masterの勝ち
第48局	maker (朴廷桓/パク・ジョンファン)	白番Masterの勝ち
第49局	wonfun (元晟溱/ウォン・ソンジン)	白番Masterの勝ち
第50局	潜伏 (柯潔/カ・ケツ)	黒番Masterの勝ち
第51局	周俊勲	白番Masterの勝ち
第52局	ykpcx (范廷鈺/ファン・ティンユ)	白番Masterの勝ち
第53局	孔明 (黄雲嵩/ファン・ユンソン)	黒番Masterの勝ち
第54局	聂衛平 (ニエ・ウェイピン)	黒番Masterの勝ち
第55局	谜团 (陳耀燁/チェン・ヤオエ)	白番Masterの勝ち
第56局	shadowpow (趙漢乗/チョ・ハンスン)	黒番Masterの勝ち
第57局	nparadigm (申眞諝/シン・ジンソ)	黒番Masterの勝ち
第58局	小香馋猫 (常昊/チャン・ハオ)	白番Masterの勝ち
第59局	Eason (周睿羊/ツォウ・ルイヤン)	黒番Masterの勝ち
第60局	古力 (グ・リ)	白番Masterの勝ち

※出典1：YouTube：AlphaGo | Master 棋譜（60戦無敗）より引用
URL https://www.youtube.com/playlist?list=PLKG0vTcFf4tmLJ9QFxfNbh76Wu7l2piA1
※出典2：維基百科：Master（圍棋軟件）より引用
URL https://zh.wikipedia.org/zh-hant/Master_（圍棋軟件）

MEMO | パク・ジョンファン（朴廷桓）九段（1993〜）
韓国囲碁界のトップ棋士の一人。2013〜2016年に韓国囲碁棋士ランキング1位となっています。

イロレーティングによる評価では、60連勝は700点以上の差に相当し、「アルファ碁の進化版は既に人類を凌駕しているのではないか」と言われるようになりました（本書の 図6.12 に示すように、この時点でのイロレーティングは5000点近くに達していたとのことです）。

これまでアルファ碁が見せたいくつかの手は、プロの常識を覆す手でした。しかし対局後は、アルファ碁を真似するプロが多く現れるなど囲碁界に多大な影響を与えています。このように、「AIの手がプロの常識を覆し、新手を生み出す」といった現象は、先にプロのレベルを超えた、チェスや将棋の世界でも多く見られています。

さらに余談ですが、本書で参照しているアルファ碁論文の著者のうちアジャ・ファンは、囲碁ソフトの強豪の1つ『Erica』の開発者であり、彼自身も囲碁の強豪として知られています。また、やはり著者の一人であるデビッド・シルバーも、以前から囲碁ソフト開発にかかわってきました。彼らは、今回のアルファ碁のプロジェクトに先んじて、グーグル・ディープマインドに加わったと言われています。

グーグル・ディープマインドは彼らが蓄積してきたコンピュータ囲碁の知見を有効活用することで、わずか2年足らずの間にアルファ碁を作り上げることができたとも考えられます。

04 囲碁AIの基礎

 ここで本書の理解に必要な、囲碁AIの基礎と機械学習の活用について解説します。

1.4.1 囲碁のルール

最初に囲碁のルールについて簡単に確認しておきましょう。囲碁のルールとしては次の4点を押さえておけばよいでしょう。

囲碁における**コウ**（MEMO参照）など、やや複雑なルールは、本書ではほぼ必要ないので割愛します。なお本来の碁盤は19路盤（縦横にそれぞれ19本の線があり、線のことを「路」と言う）ですが、本書では煩雑さを避けるため、9路盤を用いる場合があります。

- 碁盤の縦横の路が重なる交叉点（以下「点」と言う）上に、黒番、白番が順番に石を置いていく
- 相手の石を囲ったら取れる
- 相手の石に囲まれた点には打てない
- 最終的に地が大きいほうが勝ち

> **MEMO｜コウ**
>
> 囲碁では、1個の石を取り合い続けて同じ形を繰り返すような形が生じますが、これをコウと呼びます。互いに石を取り続けると、永久に終わらないため、このコウを打つ手は、ルールで禁じ手とされています。つまりコウが生じた場合、相手は手を変えないといけません。このコウのルールは、囲碁AI開発者から見ると実は難しい問題を含んでいます。なぜならば、コウ争いをしている時だけは、通常最もよい手になりやすい相手の石を取る手は禁じ手となり、それ以外の手を打たなければならないからです。AIは、ルールが突然変わるような状況は苦手であり、コウが絡む局面は囲碁AIの苦手領域の1つと言われています。

例えば「相手の石を囲ったら取れる」例を示すと、図1.1（a）の局面において、★の位置に黒が打つと、隣接する白石を取ることができます。逆に「相手の石に囲まれた点には打てない」例を挙げると、図1.1（b）の局面において、白は★の位置に打つことはできません。

・囲碁のルール
　（1）基盤の点に、黒番、白番が順番に石を置いていく
　（2）相手の石を囲ったら取れる
　（3）相手の眼（P.045のMEMO参照）には打てない
　（4）最終的に地が大きいほうが勝ち
　（5）コウ
　　　　⋮

（a）黒が打つと白石を取れる位置

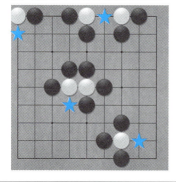

（b）白が打てない位置

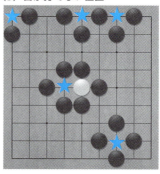

図1.1 囲碁のルール

最後に「地が大きいほうが勝ち」に関して説明しましょう。地の数え方には、日本ルール、中国ルールなど、いくつかの流儀があります。多少語弊がありますが、日本ルールはやや複雑であり、コンピュータでは扱いにくいものとなっています。この記述の難しさが囲碁AIを作る際には問題となります。したがって囲碁AIは中国ルールを採用することが多いです。

中国ルールによる地の数え方

中国ルールでは、基本的に「黒石もしくは白石の数」+「囲まれた眼の数」を地の大きさとし、後手である白にコミ（MEMO参照）7.5目を足した上で、黒地と白地を比較し多いほうが勝ちとなります。

例えば、図1.2の場合、黒地は石の数33、囲まれた眼の数12で合計45。白地は

石の数27、囲まれた眼の数9で合計36、コミ7.5とする場合、45＞36＋7.5となるので黒の勝ちとなります。

> **MEMO｜コミ**
>
> 囲碁では、先に打つ黒のほうが有利なため、白番にハンディキャップを与え、最終的な地の大きさに加えることができます。これをコミと呼びます。当初コミは4.5目とされていましたが、黒番の勝率が高いことから、徐々に大きくなってきました。現在の日本ルールではコミを6.5目としていますが、中国ルールでは7.5目となっています。

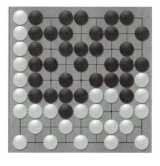

図1.2 中国ルールによる勝ち負けの判定条件

このように囲碁のルールはわずか数行で記述できる簡単なものですが、ルールが簡単だからと言って、ゲームが単純とは限らないのが、面白いところです。

> **MEMO｜眼**
>
> 100％取られない石は「活きている」と言います。活きるためには「着手禁止点」が2つ以上必要です。それぞれの着手禁止点を「眼（め）」と言います。眼が1つしかないと、石は「死に」、相手に取られます。

1.4.2 囲碁AIを実装するとはどういうことか

　囲碁AIは、その振る舞いがどんなに人間のように見えたとしても、それはコンピュータのプログラムに過ぎません。それでは囲碁AIをどのようにプログラミングすればよいのでしょうか？ その一端に触れるために、囲碁AIの実装例を見てみましょう。なおプログラミングに興味のない読者は、この項は読まなくてもかまいません。

疑似コードから読み解く

　リスト1.1 は、人間と対戦させるゲームプログラムのPython（P.125参照）ライクな疑似コードです。まずは、ゲームの最初の局面を作る初期化処理（initialize）を実行します。後は、whileループに入り、人間と囲碁AIが交互に手mを選択します。

　どちらかが投了（負けを認める宣言のこと）すれば終了ですが、そうでない場合は、「手mを1手進め、今度は相手の手番の人間か囲碁AIが手を選択する」という処理をどちらかが投了するまで繰り返します。

リスト1.1 人間と対戦させるプログラムの疑似コード

```
initialize(s)  #盤面sの初期化
while True:
    if (is_human_turn(s)):      # 人間の手番ならば
        m = WaitHumanMove(s)    # 人間に指し手を要求
    else:                       # コンピュータの手番ならば
        m = GetComputerMove(s)  # 「次の一手」の選択タスク
    if (is_toryo(m)):           # どちらかが投了したら終了
        return 0
    move(s, m)                  # 盤面sから手mにより1手進める
```

　このプログラムは、囲碁だけでなく、将棋やオセロなどの別のゲームでもまったく同様に使えます。異なる点は、盤面の表現や、手の性質だけです。

　ゲームAI開発者としては、まずは囲碁AIの次の一手の選択処理についてはランダム選択にでもしておいて、ひとまずこのコードを動くようにするのが最初の目標となります。

　リスト1.1 のプログラムを動かすためには、AIの次の一手の選択処理（GetComputerMove）、人間に手を入力させる処理（WaitHumanMove）の部分を除くと、基本的な処理として、最初の局面を作る初期化処理（initialize）、盤面上1手

進める処理（move）が必要です。

またAIの次の一手の選択や、人間に手を入力させる処理の中では、moveの反対に1手戻す処理（unmove）や合法手（ある局面でルールを満たす候補手のこと）をすべて挙げる処理（GetLegalMoveList）なども大抵必要となるので、基本処理に入れておきたいところです。

表1.5 に、オセロ・将棋・囲碁における基本処理の内容を挙げておきましょう。将棋やオセロと比べると、囲碁の基本処理はコンピュータにとって扱いやすいものです。例えば囲碁では、合法手の位置は石がない位置でかつ相手石に囲まれていない位置として簡単に生成できます。またmove処理も、基本的には打った石を追加すればよいだけだからです。

比較のため、オセロの合法手をすべて列挙することを考えてみましょう。この場合、空いているマスごとに、縦、横、斜め8方向に石をたどって、相手石をひっくり返すことができるかを逐次調べなければなりません。将棋の場合は、もっと大変です。例えば王手をされた時の逃げる手をすべて挙げる処理は、プログラミング初心者にはかなり難しいです。

表1.5 各ゲームにおける基本処理の内容

	オセロ	将棋	囲碁
initialize （盤面の初期化）	白2個、黒2個をおいて初期配置	先手/後手の駒を20枚ずつ配置	特になし
move （1手進める）	石を置いて、挟んだ石をひっくり返す	駒を動かす、取る、成る、打つ	石を置いて、囲んだ石を取る
unmove （1手戻す）	・はさんだ石を元に戻す ・置いた石を取り去る	・動いた/打った駒を元に戻す ・取った駒を元に戻す	・取った石を元に戻す ・置いた石を取り去る
GetLegalMoveList （合法手の生成）	空きマスに打つ手のうち、相手石をひっくり返せる手	・王手ならば逃れる手 ・盤上の駒が動く手 ・持ち駒を打つ手	空点（石のない点）に打つ手のうち、ルール違反でない手

囲碁のmove処理の実現に関しては、取る手の処理だけが、やや難しいです。ひとつながりの複数の相手石を取る場合は、相手石の固まりを認識する必要があります。また取る石はひと固まりとは限らず、最大4つの石の固まりに分かれている場合があります。いくつに分かれていたとしても、重複なく、抜けなく、石を取る必要があります。

余談ですが、開発しはじめたばかりの囲碁プログラムでは、取ったはずの石が盤

上に残っていたり、戻したつもりの石の位置が空点のままだったりということがよくあります。また将棋プログラムでは、玉将がいつの間にか消えてしまうといったこともよく起こります。多くの場合これらの原因はmove処理やunmove処理の不具合です。あらゆる場合を尽くして、どのような場合でも正しく動く処理を実装することは意外と難しいものなのです。

話を元に戻します。

ある石が取れるかの判定は、その都度行うのではなく、図1.3（b）のように、予め「連」と呼ばれる「石の固まり」の情報を持っておくとよいでしょう。この連に対し、「呼吸点」と呼ばれる、「各連があと何手で取られるか」という情報を持たせておくと、「呼吸点」が0になるかどうかで、取れるかどうかを判定できます。

例えば図1.3（b）のcの黒石やeの白石は取られそうですが、図1.3（c）のように連cやeの呼吸点は1となり、取られそうなことを判定できます。

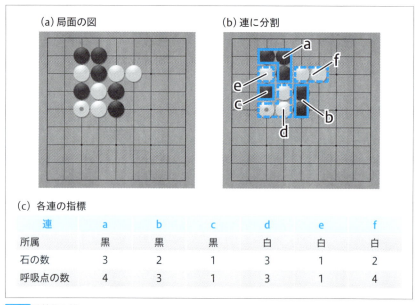

図1.3 連情報の例

ただし、連の情報を計算する場合、毎回すべての情報を0から作ると処理時間がかかってしまいます。そこで、できれば1手進める処理（move処理）の中で、今回打った石に関係する連の情報の差分だけをうまく更新することで高速化したいところです。

こういった複雑な処理は自分ですべて考えるのは大変ですが、先人たちがノウハウを蓄積しています。例えば、MEMOの参考書籍をご覧ください（何かをはじめる時に、まずは既存の研究を徹底的に調べることは、どのような分野でも大変重要です）。

MEMO｜参考書籍

『コンピュータ囲碁―モンテカルロ法の理論と実践―』
（美添一樹、山下宏著、松原 仁 編集、共立出版、2012年）

1.4.3 「次の一手」タスク

先ほど解説した疑似コードにおいて、囲碁AIの強さに寄与するのは、囲碁AIが手を選択する、GetComputerMoveの部分です。この処理では局面を入力とし、その局面に対して石をどこに打つかが出力です。つまり、囲碁AIが考えた最良の手を返せばよいわけです。このタスクを、本書では「次の一手」タスクと呼びます。

図1.4 は「次の一手」タスクの入出力の例です。今、白が12手目を打ったところですが、この局面（図1.4（a））を入力とし、次の13手目の黒の手を出力します。この場合、黒が打てる場所は69箇所、その中からどこに打つかを選択する問題とも言い換えられます。図1.4（b）は出力の例です。

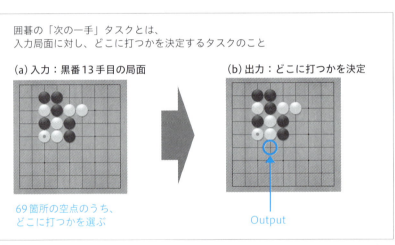

図1.4　「次の一手」タスクの例。12手目まで進んだ局面を入力とし、13手目の黒の石をどこに打つかを出力する

1.4.4 「次の一手」タスクの難しさ

囲碁の「次の一手」タスクの難しさについて、従来からあった将棋と比較してみましょう（表1.6）。

表1.6 将棋と囲碁の難しさの比較

	将棋	囲碁
評価項目	駒の価値、駒の位置	石のつながり（模様、厚み）
評価関数の 設計の難しさ	駒の価値：評価しやすい 駒の位置： 王との相対位置で大体OK	ちょっとした形の違いで、「つながり」 や死活が変わるため困難
候補手の数	初期局面:30	初期局面:361
探索アルゴリズム	しらみ潰し探索ベース	モンテカルロ木探索ベース

まず従来からある将棋などのゲームAIでは、d手先まで手を展開し、d手先の局面を評価して、一番よい手順を選ぶ「しらみ潰し探索」の考え方が主流となっています。

将棋の場合

その理由としては、将棋などのゲームでは合法手（MEMO参照）の数が少ないことが挙げられます。

また将棋では、駒の価値を点数化しその合計で評価するだけでも、それなりにまともな局面評価ができます。したがってこの評価関数と深い探索を組合せることで強いAIを作ることができます。

> **MEMO｜合法手**
>
> 合法手とは、囲碁・将棋などのゲームにおいて、ルール上許される手のことを指します。

囲碁の場合

一方、囲碁の場合、合法手の数が非常に多く（例えば初期局面は361手の候補がある）、深く探索するのが難しいという課題があります。また囲碁には、「精度の高い評価関数を作るのが難しい」という課題もあります。最終的な評価は地の広さで決まりますが、「黒地になるか」それとも「白地になるか」は、最後まで争われるの

が普通です。なぜなら、序盤の段階で、どちらの地になるかは、確率を求めることすら容易ではないからです。人間の場合も、「模様」や「厚み」などと表現される、石のつながりや強さ、死活（MEMO参照）などを元に、局面の良し悪しを決定しています。

 MEMO｜死活
囲碁では、石を取られてしまう形を「死」、取られない形を「活き（いき）」と言い、これらを合わせて「死活」と言います。

ただし「模様」や「厚み」の評価は感覚的な要素が強く、石の位置が1個変わるだけで評価が逆転したり、また全体の配置が局所的な配置に影響を与えたりするなど、コンピュータには判定が難しい要素が多いです。したがって、囲碁は古典的なゲームの中で、AIにとって最も難しいタスクの1つと考えられてきました。

1.4.5 機械学習を利用した「次の一手」タスク

囲碁の「次の一手」タスクを実現するためには、あらゆる局面の手を覚えさせておけばよい、と思われる方もいるかもしれません。ただ、1.1.1項で述べた通り、囲碁の探索空間の大きさはとても大きく、すべての展開を記憶することはできません。

囲碁の「次の一手」タスクに対しては、探索ベースのアプローチと機械学習ベースのアプローチの2つが考えられます。まず探索ベースの手法は、先読みを元に、先の展開をできるだけ列挙し、その中から一番よい展開を見つけ出す手法になります。探索ベースの手法については第4章で詳しく見るため、ここでは、機械学習ベースの手法に関して見ていきましょう。

機械学習とは、コンピュータに「学習」を行わせて、あるタスクに対するコンピュータの「予測能力」「判別能力」を向上させていく方法のことです。コンピュータは、すべての局面を記憶することはできませんが、「似たような局面では似たような手がよい手となるだろう」ということを仮定して、背後にある法則性を求めることが目標となります。

「次の一手」タスクを実現するため、ここでは、強い人間プレイヤの手をできるだけ真似るという方針を立てます。学習データとして、強い人間プレイヤの手のような、お手本（正解ラベル）を利用する場合、この学習手法は教師付き学習と言われています。

本書では次の第2章までは、この教師付き学習の枠組みを考えていきます。具体的には、ある局面の候補手それぞれに対して、その手のよさを得点付けする予測モデルを考えます。このようなモデルがあれば、最高得点となる手を出力することで「次の一手」タスクを実現できます。

従来型の教師付き学習では、人手により前処理、特徴抽出、モデル化を行い、その後にモデルのパラメータを、学習データを元にチューニングするという手順により、予測モデルを作成します（図1.5）。それぞれの処理は次のように表されます。

- 前処理　：生データからノイズを取り除き、(入力、正解ラベル)のペアを作る
- 特徴抽出：分類に必要な入力の性質（特徴）をピックアップする
- モデル化：特徴から正解ラベルを予測するのに必要な数理モデルを作る
- 機械学習：上記、数理モデルを、正解率をできるだけ高めるようにチューニングする

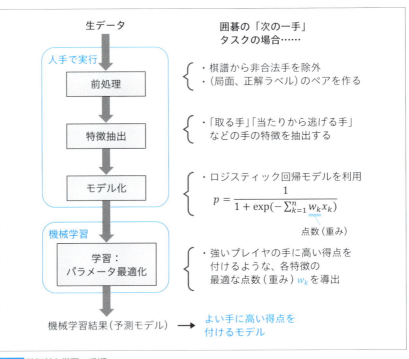

図1.5 教師付き学習の手順

囲碁の「次の一手」タスクを例にとって考えてみましょう。

前処理

前処理は多数の学習データの中から強いプレイヤの棋譜のみを抽出、あるいは棋譜から非合法手などの入力の誤りを除外する、等となります。

特徴抽出

次に特徴抽出では、「取る手」「当たり（次の手で石をとる状態のこと）から逃げる手」「直前の手の8近傍の手（縦横斜めで隣接する手）」などよさそうな手の特徴を人手で設計しておきます。

モデル化と学習

後は教師付き学習により、強いプレイヤの手の得点が最も高くなるように各特徴の点数（重み）を最適化すればよいでしょう。このようなモデルとしては、「ロジスティック回帰（MEMO参照）」と呼ばれるモデルが知られています。このモデルを使うと「取る手」「当たりから逃げる手」などの手はよい手になることが多いため、大きな得点が付きます。

ただし「取る手」よりももっとよい手がある局面では、「取る手」が選択されない場合もあります。ロジスティック回帰では、学習データの中の多数の局面のバリエーション中で、「取る手」が打たれやすい度合と、「取る手」よりももっとよい手がある度合のバランスをとって、最適な点数が決定されます。結果として、候補手を得点付けするバランスのよい予測モデルができあがります。

> **MEMO | ロジスティック回帰**
>
> 入力特徴の線形和を確率に変換する統計的回帰モデルの一種です。信用リスクモデル（例えば、ある企業の破綻確率を推定するモデル）などの応用があり、2クラスへの分類（信用リスクモデルの場合、例えば破綻するかしないか）に対する最も基本的なモデルとなっています。

例えば、「取る手」「当たりから逃げる手」「直前の手の8近傍の手」の3つの特徴を考えた上で 図1.6 （a）のa、b、cの3つの候補手を比較することを考えてみましょう。

学習の結果、仮に、 図1.6 （b）のように、「取る手」に3点、「当たりから逃げる手」に2点、「直前の手の8近傍の手」に1点という点数を付けたとすると次のように点数付けされます。

- a：「取る手」かつ「当たりから逃げる手」であるので（3+2=）5点
- b：「当たりから逃げる手」かつ「直前の手の8近傍の手」なので（2+1=）3点
- c：「直前の手の8近傍の手」なので1点

これらのa、b、cの3つの比較では、aが最もよい手と予測します。

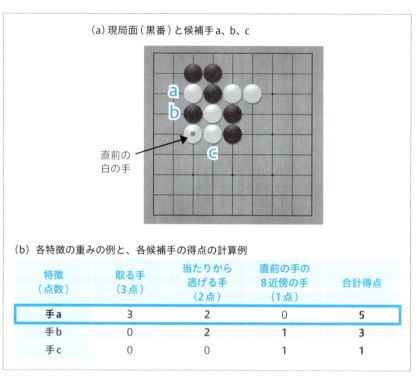

図1.6 各特徴の点数（重み）を利用した、候補手a、b、cの得点

このようなやり方でも、人手で特徴をうまく抽出しておけば、ある程度まともな予測モデルを作ることができます。ただし人手による特徴抽出に頼ってしまうと、cのような「ぼんやりとした手」を上位に挙げるような特徴を人手で考えることは難しくなります。結果として直接的な手が多くなる傾向があります。

1.4.6 アルファ碁のロールアウトポリシー学習の詳細

実はアルファ碁でも、このロジスティック回帰モデルをベースに、特徴をより詳細に設計することで、「次の一手」タスクを行う「ロールアウトポリシー」（MEMO参照）と呼ぶモデルを作っています。少し詳しく見てみましょう。

> **MEMO｜ロールアウトポリシー**
>
> アルファ碁において、手の表面的な特徴を元に、その手が打たれる予測確率を出力する数理モデルの1つです。高速に評価できる特徴のみを利用するため、評価速度は速いですが、手の予測確率はやや落ち24%程度に留まります。

利用する学習データ

まず学習データとしては、インターネット対局サイト「東洋囲碁」の棋譜のうち、強いプレイヤによる合計800万局面を利用しました。

特徴抽出フェーズ

次に、特徴抽出フェーズでは、**図1.7**（a）に示すような合計109747（= k）項目の特徴を利用します。例えば（1）の相手の手に対応する手は、囲碁でよく現れる、「相手がAと打った時に、それに応答してBと打つ手」を表します。

なお（3）や（6）の「8近傍」とは、ある点を中心とした正方形の領域、（5）の「12近傍」とは8近傍に、さらに1つ外側の4個の点を加えたものを指します。

また「パターン」とは、石の色（黒／白／石なし）と、呼吸点の数（1、2、3以上）の組合せです。

図1.7（b）に、ある局面における点aの8近傍と点bの12近傍の白石と黒石からなるパターンの例を示します。

8近傍や12近傍のパターンには、膨大な組合せがありますが、よく現れるもののみを特徴として採用しています。このようなパターンのデータを利用することで、先ほどの例では難しかった、ぼんやりとした手の抽出がある程度可能となります。

ここで挙げた109747項目もの特徴を人手で見つけ出すことは、常人にはできない職人技のように見えるかもしれません。ただし、これらは概ね**参考文献**（MEMO参照）で挙げられたものと同じであり、人手とは言うものの、先人のノウハウを活用したものとなっています。

> 📄 **MEMO | 参考文献**
>
> **『コンピュータ囲碁―モンテカルロ法の理論と実践―』**
> (美添一樹、山下宏著、松原 仁編集、共立出版、2012 年)

モデル化フェーズ

次に、モデル化フェーズでは、**図1.7** (c) に示すロジスティック回帰モデルを用いています。ここで、各特徴に対する点数（重み）w_k は学習により決定するパラメータです。x_k は、入力局面がある特徴 k を持つか否かの 0-1 変数です。

この時、重み和 $\sum_{k=1}^{n} w_k x_k$ は、ある手の得点、つまりよい性質を満たす度合を表します。この得点を、シグモイド関数（MEMO 参照）と呼ばれる関数に通すことで、0 以上 1 以下の確率値 p に変換します。この結果、このロールアウトポリシーによる、強いプレイヤの手との一致率は 24% となりました。

この結果は、従来型の機械学習の結果として本書の基準になる値ですが、ロールアウトポリシーの手は直接的な手が中心であり、人間の感覚からすると違和感のある手が多いです。このモデルをどのように改良していくかに関しては、次の第 2 章で解説します。

> 📄 **MEMO | シグモイド関数**
>
> 入力の大きさに応じて、0 以上 1 以下の値に変換する関数です。ロジスティック回帰やニューラルネットワークを用いた数理モデルにおいて、入力を非線形変換し、確率値に変換する目的で利用されます。シグモイド関数については、2.2.5 項で改めて説明します。

なおここで挙げた (1) ～ (6) の特徴項目は、高速に計算できるものが注意深く選ばれています。アルファ碁ではこの他、やや計算に時間がかかる特徴である 32242 項目を加えたロジスティック回帰モデルにより、認識精度を高めた「ツリーポリシー」（MEMO 参照）と呼ばれるモデルも作っています。

> **MEMO｜ツリーポリシー**
>
> アルファ碁において、手の表面的な特徴を元に、その手が打たれる予測確率を出力する数理モデルの1つです。ロールアウトポリシーより多くの特徴を利用するため、評価速度は落ちますが、予測性能は上がります。

(a) 囲碁の手の特徴

内容	種類
(1) 直前の相手の手に対応する手か？	1
(2) 当たりから逃げる手か？	1
(3) 直前の相手の石の8近傍に打つ手か？	8
(4) 直前に相手に中手[*1]の形で取られた場合に、急所に打ち返す手か？	8192
(5) 直前の相手の石の12近傍に打つ場合に、12近傍パターンが特定のパターンと一致するか？	32207
(6) 打ちたい位置の8近傍パターンが、特定のパターンと一致するか？	69338
合計	109747

*1 相手の陣地の中に石を置くことで相手に2眼を作らせず、相手の石を殺すことです。

(b) 近傍パターンの特徴の例

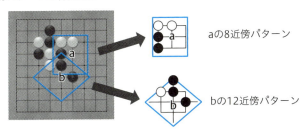

(c) ある手aを打つ確率を導出するモデル
　　（ロジスティック回帰）

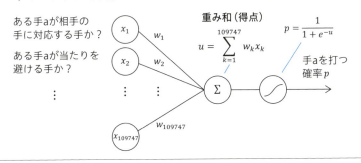

図1.7 アルファ碁のロールアウトポリシーに用いる特徴と学習手法

05 まとめ

本節では、本章の内容をまとめます。

　本章では、ゲーム AI の歴史を振り返り、アルファ碁の登場の経緯、また活躍の詳細について述べました。さらに、ゲーム AI の基本である「次の一手」タスクを定義して、囲碁における「次の一手」タスクの難しさについて説明しました。さらにこのタスクを実現する1つのアプローチとして、従来の機械学習を利用する考え方について述べました。

　従来の機械学習では、前処理の他、特徴選択やモデル化も人手で行う必要があり、正確な予測モデルを作ることは大変です。

　これに対しアルファ碁のロールアウトポリシーでは、これまでの知見を活用した特徴設計と、ロジスティック回帰モデルを利用したパラメータチューニングにより、人間の強いプレイヤとの一致率が24％程度となる「次の一手」タスクを実現しています。

Chapter 2

ディープラーニング
～囲碁AIは瞬時にひらめく～

アルファ碁の直観力を支えるのは、ディープラーニングです。ディープラーニングとは、数理モデルとして4層以上のニューラルネットワークを用いる機械学習手法のことです。ここでは、「手書き数字認識」を事例に、ディープラーニングの1手法である畳み込みニューラルネットワークを説明します。

さらにアルファ碁における2つの畳み込みニューラルネットワークであるSLポリシーネットワークとバリューネットワークの構造と学習方法の詳細を説明します。

SLポリシーネットワークは、囲碁の局面をあたかも画像のようにとらえることで、人間の直観に匹敵する「次の一手」タスクを実現します。またバリューネットワークは、これまで不可能と考えられていた囲碁の評価関数を実現したという意味で、アルファ碁の最大の成果であると言えます。

本章で説明する技術トピックと、全体の中の位置づけ

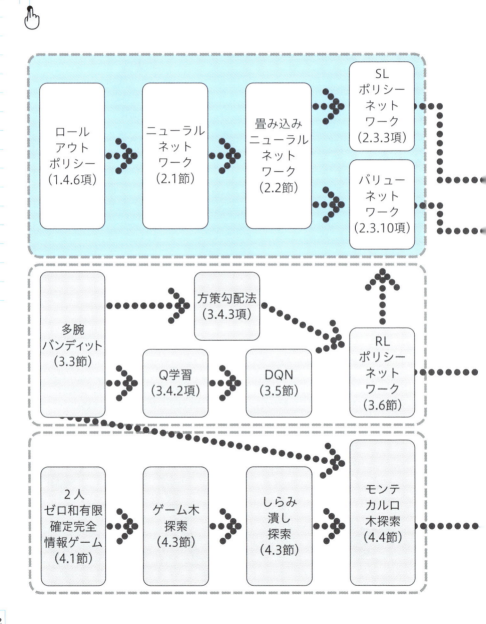

第2章では、アルファ碁のSLポリシーネットワーク（2.3.3項）とバリューネットワーク（2.3.10項）を理解することを目標とします。そのためにまずは、1.4.6項で説明したロールアウトポリシー（ロジスティック回帰モデル）から、畳み込みニューラルネットワーク（2.2節）まで発展していく過程を、手書き文字認識の事例を元に説明します。

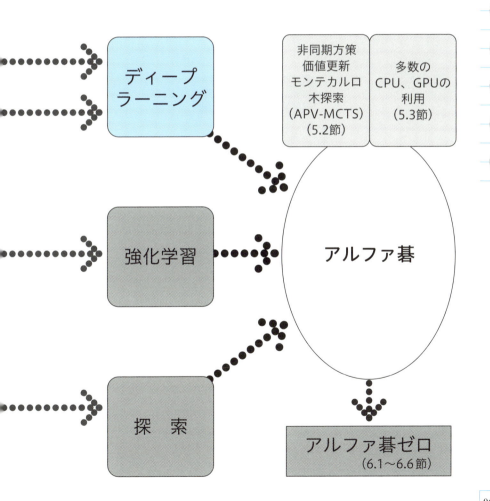

01 ディープラーニングとは

 ここでは、アルファ碁の直観力を支えるディープラーニングの仕組みと、最近の技術の進展について解説します。

2.1.1　AIは人間の直観を実現できるか

「AIは人間の直観を実現できるか」。アルファ碁を解明する手はじめに、まずはこの問いから説明していきます（図2.1）。

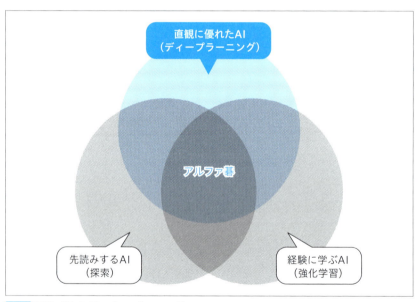

図2.1 直観に優れたAI：ディープラーニング

　強い囲碁プレイヤは長年の訓練の結果として、盤面を見れば、瞬間にそれなりの手をひらめくと言われています。また多くの場合、一瞥すれば、黒と白のどちらが優勢かを判断できると言われています。しかも大抵の場合においてこれらは正しく、少なくとも大間違いであることは少ないです。これは長年の経験に裏打ちされ

た直観が優れているからでしょう。

一方で、例えば将棋では、ランダムに駒が配置された局面を覚える能力に関して、「トッププロ棋士も初心者も大差ない」という実験結果も知られています。経験がない場面では直観が働かないのでしょう。

人が長年の経験を蓄積するのは脳です。人の脳は、100億個以上の神経細胞を持っており、この神経細胞は、他の神経細胞と相互に結合しています。相互に結合した神経細胞は、入力刺激に応じて、活動電位を発生させ、再び他の複数の細胞に出力することで、情報を伝達する機能を持ちます。

人の脳は、この神経細胞（ニューロン）を用いて、記憶や学習といった高次機能を実現していますが、この機構を模した教師付き学習モデルとしてニューラルネットワークが知られています（図2.2）。

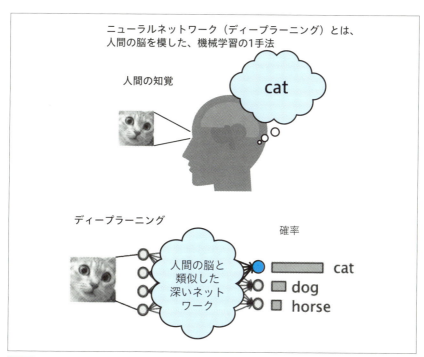

図2.2 ニューラルネットワークとは
出典：『Deep Learningと画像認識　〜歴史・理論・実践〜』（東京大学 大学院情報理工学系研究科 創造情報学専攻 中山研究室 中山英樹）、5ページ目より引用・作成
URL http://www.slideshare.net/nlab_utokyo/deep-learning-40959442

図2.3 (a) のように、神経細胞は大きくは「樹状突起」と「軸索」という2つの

部分からなっています。

　樹状突起は、別の神経細胞からの電気信号を受け取ります。神経細胞は、この電気信号の内容により、特定の電気信号のパターンに対して発火（細胞膜内外の電位差が逆転し、活動電位に達すること）し、そうでなければ発火しないという動作をします。

　発火によって得られた電位変化は、軸索に沿って伝達され、軸索終末端にあるシナプス結合を通して、次の神経細胞に信号を伝達します。

　図2.3 (b) は、この神経細胞の動作を模したニューラルネットワークの**素子（ノード）**（MEMO参照）の例です。この素子は、前の素子からの信号（x）に対し重み（w）を掛けて、**重み和**（MEMO参照）を計算します。これは、神経細胞が情報を統合する過程を模しています。

> **MEMO｜素子（ノード）**
>
> 　人間の脳の神経細胞に相当する、ニューラルネットワークの構成要素のことです。標準的な素子では、前の層の信号を入力として重み和を計算した後、活性化関数を通して、出力を計算します。

> **MEMO｜重み和**
>
> 　複数の入力$(x_1, x_2, \cdots, x_n)$と対応する重み$(w_1, w_2, \cdots, w_n)$を掛けた後に、その積のすべての和をとり、$w_1 \cdot x_1 + w_2 \cdot x_2 + \cdots + w_n \cdot x_n$を計算することです。積和とも言います。

　さらに、この素子の反応性を決定する部分は、**活性化関数**（MEMO参照）と呼ばれています。活性化関数は、大きな入力に対しては発火しますが、小さな入力に対しては発火しないという神経細胞の働きを模しています。

> **MEMO｜活性化関数**
>
> 　素子の入力の重み和に対し、非線形な変換を施して、出力を計算する関数です。シグモイド関数やReLU関数などが知られています。詳しくは2.2.5項で改めて説明します。

　神経細胞は、**シナプス結合**（MEMO参照）の強さや接続関係を変えることで、巨大な神経回路網を形成しており、この神経回路網によって人間は高度な情報処理を

行っています。ニューラルネットワークも、複数の素子を多層に組合せ、かつ重みの値を学習により最適化することで、様々な機能を実現することができます。

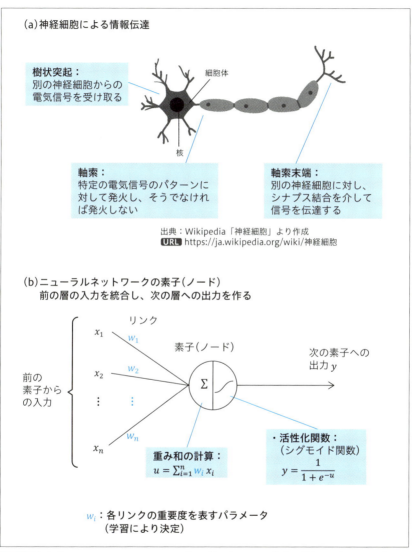

図2.3 神経細胞とニューラルネットワーク。いずれも前の素子からの複数の情報を統合し、次の素子に結果を出力する点がよく似ている

> ### MEMO｜シナプス結合
> シナプス結合とは、神経細胞同士で情報を伝達するための細胞間の接合構造のことです。例えば、ある神経細胞から神経伝達物質が放出され、それが次の神経細胞の受容体に結合することにより、細胞間の情報伝達が行われます。

なお 図2.3 （b）のニューラルネットワークの素子を1個だけ使うモデルは、実は1.4.5項で紹介したロジスティック回帰モデルそのものであることも指摘しておきましょう。つまりこの素子1個だけでも、ある程度の認識モデルを作れるということです。ニューラルネットワークは、この素子を複数利用し、かつ多層化することで、認識能力を高めたモデルとなっています。

ニューラルネットワークの研究は古く1940年代まで遡り、1980年代にはニューラルネットワークの学習の基本技術である誤差逆伝搬法（バックプロパゲーション）（MEMO参照）が開発されていました。しばらく冬の時代が続いていましたが、2006年のトロント大のヒントン教授のグループによる研究（MEMO参照）を皮切りに、ディープラーニングに進化したニューラルネットワークは、学会・産業界を巻き込み大変なブームとなっています。ディープラーニングとは、従来よりも深い多層の（一般には4層以上の）ニューラルネットワークによる機械学習の手法のことです。

> ### MEMO｜誤差逆伝搬法（バックプロパゲーション）
> ニューラルネットワークの重みパラメータの学習手法の1つです。誤差逆伝搬法とも言います。詳しくは2.2.6項で改めて説明します。

> ### MEMO｜トロント大のヒントン教授のグループによる研究
> 次の論文では、オートエンコーダー（自己符号化器）と呼ばれるモデルを用いた多層のニューラルネットワークのパラメータを学習する手法に関して説明されています。
>
> **『A fast learning algorithm for deep belief nets』**
> (Geoffrey E. Hinton, Simon Osindero, Yee-Whye Teh、Neural Computation、Vol. 18、P.1527--1554、2006)
> **URL** http://www.mitpressjournals.org/doi/abs/10.1162/neco.2006.18.7.1527

オートエンコーダーは入力層、中間層、出力層を持つ3層ニューラルネットワークの一種ですが、少ない中間層のユニットにより、出力層が入力情報を復元するように学習させたニューラルネットワークのことです。

ヒントン教授らは、このオートエンコーダーを2層ごとに適用し、多層の重みパラメータの初期値を求める処理（事前学習）に利用しました。

ディープラーニング隆盛の原動力としては、後で見るように多層のニューラルネットワークをうまく学習できる方法論が確立してきたことと、最近の計算機環境の進展により学習を高速に実行できるようになったことが挙げられます。

　ディープラーニング時代の機械学習と、従来型の機械学習のフレームワークとを比較してみましょう。図2.4 のように、先に述べた従来型の機械学習では、前処理はもちろん特徴抽出やモデル化も人間の仕事でした。

　しかし、1.4.6節に示したロールアウトポリシーの学習の例を見てもわかる通り、特徴抽出やモデル化は、新しい問題に直面するたびに、新しい特徴を考案し、状況に応じては取捨選択する必要があるなど、開発者のノウハウの固まりでした。

　ディープラーニングの貢献は、この特徴抽出やモデル化の作業の大部分を自動化したことにあります。この結果、画像認識の分野では、従来型の特徴設計ノウハウを持たない者であっても、容易に高精度な画像認識手法を開発することができるようになりました。

　また、人間が特徴を設計できないような複雑なタスクであっても、機械学習により対応できる場合が出てきました。最近では、ディープラーニングが画像認識以外に、音声認識（MEMO参照）や機械翻訳（MEMO参照）などの分野でも有効であることがわかり、現在進行形で数々の革命的な研究成果が発表されています。

> **MEMO** | **音声認識**
>
> 　音声認識とは、人間の音声をコンピュータに自動認識させることを指します。例えば、話し言葉を文字列に変換するタスクなどがあります。音声認識分野はディープラーニング以前も盛んに研究されており、隠れマルコフモデル（HMM）と言われる統計モデルの利用により、既に実用レベルに達していました。
> 　近年ディープラーニングを利用することで、さらに性能が上がっています。

> **MEMO** | **機械翻訳**
>
> 　機械翻訳とは、日本語や英語などの自然言語をコンピュータを利用して他の言語に翻訳することです。
> 　機械翻訳は1950年代から研究されてきましたが、曖昧な表現、省略、同義語の表現など、自然言語特有の壁に阻まれ、進展は芳しくありませんでした。これに対し、近年ディープラーニングを用いた機械翻訳技術が急進展を遂げています。2016年には、ディープラーニングを利用したグーグル翻訳の日本語版が登場し、「従来よりかなり自然な翻訳が可能となった」ことが話題になりました。

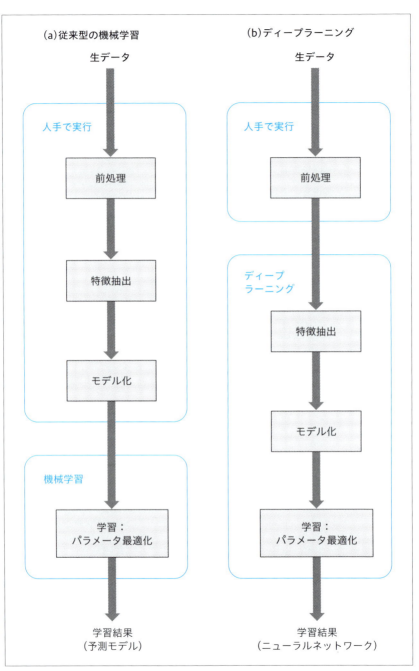

図2.4 従来型の機械学習とディープラーニングとの比較。ディープラーニングでは、特徴抽出とモデル化の処理も自動的に実行できる

余談ですが、筆者は囲碁のルールはわかるものの、プレイヤとしてはほぼ初心者レベルです。しかし囲碁が弱ければ、強いAIを作れないかと言うと、そんなことはありません。従来型の開発者が特徴を作り込んでいく方式の場合、開発者の囲碁のスキルが必須です。

　しかし、ディープラーニングを使えば、囲碁が弱く知識に乏しい筆者でも、強いプログラムを作ることが可能です。実際、筆者が作った囲碁AIであるDeltaGo（MEMO参照）は、初心者の筆者よりはるかに強いです。

MEMO | **DeltaGo**

DeltaGoのページ
URL http://home.q00.itscom.net/otsuki/delta.html

Column | **機械学習以前のゲームAI開発方法**

　筆者はこれまで将棋や囲碁のAIを開発してきましたが、図2.4 を見るとまさに隔世の感があります。

　筆者が将棋AIの開発をはじめた2001年ころは、機械学習を使うことすら稀でした。「機械学習を使ってもうまくいかない」と誰もが思い込んでいたのです。当時は図2.4 (a) よりもさらに原始的な手法を採っており、図2.4 (a) の機械学習の部分は、開発者のハンドチューニングで行っていました。ただし、このチューニング作業には、おのずと限界があります。そこに機械学習を活用する『激指』や『Bonanza』等のソフトウェアが登場し、ハンドチューニングソフトは駆逐されました。

02 手書き数字認識の例

アルファ碁のディープラーニングの説明に進む前に、ここではディープラーニングの典型的な適用事例である手書き数字認識について説明します。本事例を通して、分類問題を解くための畳み込みニューラルネットワークの構造・活性化関数、学習方法などを説明します。畳み込みニューラルネットワークについて、ひと通り理解している読者の方は、本節を読み飛ばしてもかまいません。

2.2.1 手書き数字認識とは

ここではニューラルネットワークやディープラーニングを適用する例として、画像認識の基本的なタスクである「手書き数字認識」を考えてみましょう。

手書き数字認識とは、手書きされた「0」～「9」の文字画像を、「0」～「9」のカテゴリに正しく判別するタスクです。このタスクは「基本的」とは言うものの、筆跡による違い、回転・ずれ・かすれなど、入力には相当のバリエーションがあり、これらに柔軟に対応できる認識モデルを学習することは容易ではありません。

手書き数字認識は、郵便番号認識などにおいてニーズが大きく、1960年代から盛んに研究されてきました。当時はディープラーニングとは呼ばれていませんでしたが、1990年ごろには、後述する畳み込みニューラルネットワークの有効性が確認されており、ディープラーニングの先駆けとなった分野でもあります。

2.2.2 手書き数字認識のデータセット「MNIST」

手書き数字認識にはMNIST（MEMO参照）と呼ばれる有名なデータセットが知られており、様々な機械学習手法のベンチマークに使われています。

> **MEMO** | **MNIST**
>
> MNISTはMixed National Institute of Standards and Technology databaseの略で、手書きの数字「0～9」に正解ラベルが与えられているデータセットです。次のサイトから入手できます。
>
> **THE MNIST DATABASE**
> URL http://yann.lecun.com/exdb/mnist

図2.5にMNISTデータセットの一部を示しました。各データは、手書き文字の縦28×横28ピクセルの画像と正解ラベルの組からなります。

　画像の各ピクセルの値は実際には0〜255の値ですが、ここでは見やすくするため128以上を黒で、128未満を白で示しました。MNISTには、このような画像と正解ラベルを組にしたデータが70000個あります。

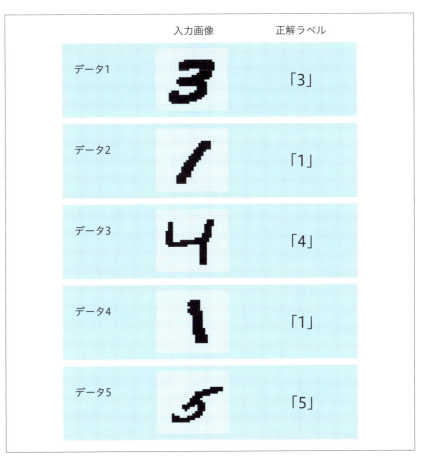

図2.5 手書き数字認識のデータセットMNISTの例

2.2.3　ニューラルネットワークを用いた手書き数字認識

まずは従来よく利用されてきた、3層のニューラルネットワークで、手書き数字認識をすることを考えてみましょう（図2.6）。

ここまで説明した機械学習の枠組みで言うと、（ロジスティック回帰モデルに代わる）数理モデルとして、3層のニューラルネットワークを使うということであり、正解率を高めるようにパラメータを学習により決定するという方針は同じです。

この場合の3層とは、入力層（MEMO参照）、出力層（MEMO参照）の間に中間層（MEMO参照）が1層ある構成です。手書き数字認識の例では、入力層は28×28の各ピクセルに対応する28×28（＝784）個のノードからなります。中間層と出力層は先ほど紹介した図2.3（b）のニューラルネットワークの素子（ノード）複数個からなり、中間層には100個のノードがあります。また出力層は「0」から「9」のいずれかの「数字」に相当する10個のノードからなります。

> **MEMO｜入力層**
> ニューラルネットワークの素子（ノード）のうち、最初にある入力を受け付けるノードからなる層のことです。

> **MEMO｜出力層**
> ニューラルネットワークの素子（ノード）のうち、最後に出力を計算するノードからなる層のことです。

> **MEMO｜中間層**
> ニューラルネットワークの素子（ノード）のうち、入力と出力の間に位置するノードからなる層のことです。

中間層と出力層にあるノードは、直前の層のすべてのノードとリンクでつながっています。各リンクには重み（MEMO参照）が付いており、学習時にはこの重みを最適化し、分類能力を高めます。すべてのノードがリンクでつながることから、全結合ネットワークとも言われています。全結合ネットワークではリンクの数、つまり学習すべき重み（パラメータ）の数が1層当たり（784×100の）約80000個と非常に多くなります。

（a）手書き数字認識の3層ニューラルネットワーク

入力画像
（28×28ピクセル）

入力画像　第1層　　第2層　　第3層
（28×28　（入力層）（中間層）（出力層）
ピクセル）784ノード　100ノード　10ノード

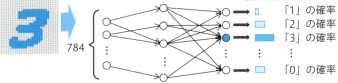

出力：各数字である確率
「1」の確率
「2」の確率
「3」の確率
「0」の確率

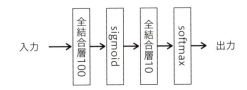

入力 → 全結合層100 → sigmoid → 全結合層10 → softmax → 出力

（b）3層ニューラルネットワークの構成

第1層：入力画像28×28（=784）のピクセルに対応
第2層：ニューラルネットワークの素子100個
第3層：ニューラルネットワークの素子10個。出力が各「数字」である確率

- 第1層と第2層の間、第2層と第3層の間はリンクで結ばれ、重みパラメータが付いている
- この重みパラメータは学習により決定される

図2.6 3層ニューラルネットワークを用いた手書き数字認識。ノードとノードをつなぐリンクの重みを学習により決定し、認識率を高める

学習済みのニューラルネットワークでは、この入力層から前向きに（入力層から出力層に向かう向きに）、各層上を順に信号伝搬させて、出力層の10個のノードの出力値を計算します。最終層の出力値は、各「数字」である確率値であるとみなせます。この確率が最も大きい「数字」がこのニューラルネットワークの分類結果となります。

> **MEMO｜重み**
> ニューラルネットワークの素子と素子の結びつきの強さを表すパラメータのことです。学習により最適な値を決定します。

　図2.6 （a）の場合、入力画像に対し、出力層10ノードのうち、「3」である確率が最も高くなっており、正しく分類できた例となっています。

2.2.4 手書き数字認識における畳み込みニューラルネットワーク

ディープラーニングにはいくつかの種類がありますが、画像認識の分野では、畳み込みニューラルネットワーク（Convolutional Neural Network：CNN）を指すことが多いです。そこで、次は手書き数字認識モデルとして、CNNを利用する場合を考えてみましょう。

CNNでは、人の脳の受容野に相当する「フィルタ」と呼ばれる部分構造の検出器を用います。フィルタとは、例えば図2.7に示すような元画像よりも小さな11×11などの正方形の検出器であり、このフィルタの内容と似た「部分形状」を入力層から見つけ出して、次の層に検出した位置情報を出力します。この「部分形状」の位置情報の組合せ（「特徴マップ」と言う）を第2層以降に通して、最終的に10個の「数字」のいずれかに分類するという方針です。

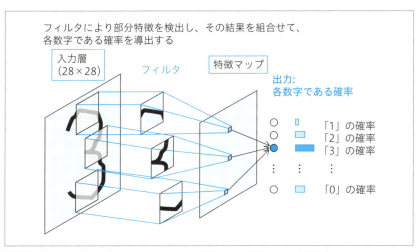

図2.7　「数字」の部分形状を表すフィルタにより「数字」の特徴パターンを捉える

CNNの各層では、このフィルタを複数種類（例えば16種類）用意して、フィルタにより検出した位置情報を段階的に次の層に伝搬していきます（**図2.8** (a)）。具体的に言うと、各フィルタは入力画像に対し平行移動しながら対応する部分の積和を計算する畳み込み処理（convolution）を実施します（**図2.8** (b)）。

　ここで言う積和とは、ここで着目する入力画像の範囲とフィルタとの対応する部分の積をとり、それらを足し合わせる処理です。入力画像の中にフィルタのパターンと一致する部分があれば、その部分と対応する出力を大きくするような処理となっています（囲碁の場合の積和処理の例を**図2.20**に示した）。

　この畳み込みの処理の後、通常はReLU（MEMO参照）と呼ばれる活性化関数を通して、次の層への出力とします。

> **MEMO** | **ReLU**
>
> Rectifier Linear Unitの略。CNNでよく使われる活性化関数の1つです。詳しくは2.2.5項で改めて説明します。

このフィルタを利用することによって行う、

- 受容野の局所性：1枚のフィルタが捉えるのは11×11といった狭い範囲の局所的な特徴パターンであること
- 重み共有：出力の計算にあたり、共通の11×11のフィルタを平行移動しながら適用すること

の2点は、局所的なパターンに合致するとニューロンが発火する、人の脳の働きを模した特徴となっています。この手法では、画像が平行移動しても特徴となるパターンを捉えられるため、ちょっとした「ゆがみ」や「ずれ」に対して頑健です。

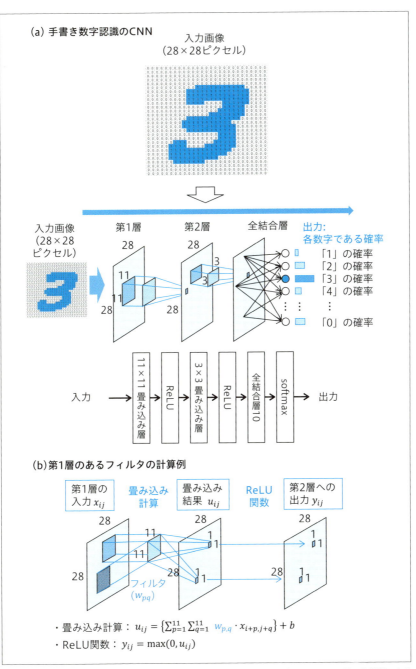

図2.8 手書き数字認識における畳み込みニューラルネットワーク（CNN）。フィルタの重みを学習により決定し、認識率を高める

例えば 図2.9 は、1層目に 11 × 11 の 16 枚のフィルタがある場合の、CNN の第1層のフィルタの学習結果を示します。ここでは**フィルタ重み**（MEMO 参照）の各位置の値をグレースケールで示しています。つまり大きい値の部分には濃い色を、小さい値の部分には薄い色を付けています。この図を見ると、各フィルタは、斜めの線や、数字の「3」の一部に相当するような丸み、といった、数字の「部分形状」を何となく捉えていることがわかります。

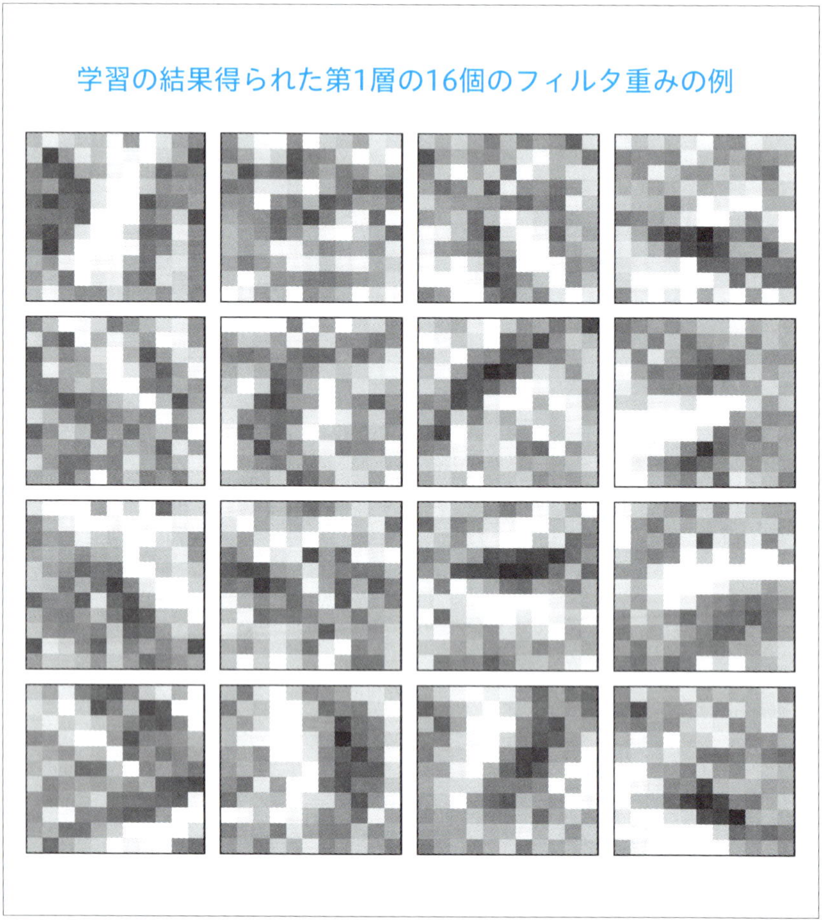

学習の結果得られた第1層の16個のフィルタ重みの例

図2.9 MNISTのCNNモデルを学習させた結果。第1層に適用される計16枚の11×11のフィルタの重みをグレースケールで示した

> **MEMO** | **フィルタ重み**
> CNNにおける、フィルタ部分の重みパラメータのことです。従来のニューラルネットワークの重みと同様に、学習により最適な値を決定します。

　CNNではフィルタ重みが共有されることから、すべてのリンクに独立な重み（パラメータ）を与える全結合ネットワークと比べると、学習すべきパラメータの数が少ないです。例えば仮に3×3のフィルタが16枚ある場合のパラメータの数は、入力が16枚、出力が16枚の場合（16×16×3×3の）約2300個であり、1層当たり約80000個もあった全結合ネットワークより圧倒的に少ないです。

　それにもかかわらず、この手書き数字認識のタスクに関しては、全結合ネットワークの性能よりもCNNの性能のほうが高いことが知られています。全結合ネットワークのように全体の特徴を一度に俯瞰して捉えるよりも、CNNのように局所的な特徴の組合せとして画像を捉えたほうが、分類がうまくいくというのが面白いところです。

2.2.5 多段のニューラルネットワークでも有効な活性化関数

ここでニューラルネットワークの認識率の向上に重要な役割を果たす活性化関数について少し補足します。

まずは3層ニューラルネットワークにおいて、活性化関数がなく、出力を単純に、入力の重み和で表す場合を考えてみましょう。

この場合、出力 y は前の層の各ノードの値 x に関する重み和なので、1次式となります。しかし、1次式の表現能力は低く、このままでは「数字」をうまく識別することができません。

例えば図2.10のように、2次元平面上で○と×を1次式（直線）で分離することを考えてみましょう。(a) の場合は直線で○と×を分離できますが、(b) の場合はどのように直線を引いても分離できません。

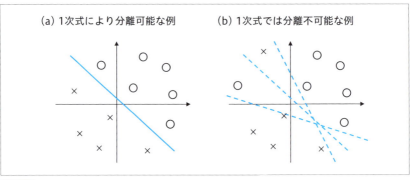

図2.10 ○と×を1次式（直線）で分類できる例とできない例。(a) では直線により○と×を分離できるが、(b) ではどのように直線を引いても分離できない

このように1次式だけでは、分類能力に限界があるため、活性化関数を利用して値を変換します。活性化関数としては非線形な関数（1次式でない関数）を用いる必要があり、例えばシグモイド関数（図2.11 (a)）が用いられます。

畳み込みニューラルネットワーク（CNN）の場合も、畳み込み計算の後に活性化関数を通すことで、1層分の処理が完了します。この活性化関数として従来は、図2.11 (a) のシグモイド関数が使われることが多かったのですが、最近は、(b) のReLUという活性化関数が使われることが多いです。なぜなら、図2.11 (a) のシグモイド関数の勾配（傾きや微分と言ってもよい）は図2.11 (c) となり、x が大きいところでの勾配が小さくなるからです。

(a) シグモイド関数

$$y = \frac{1}{1+e^{-x}}$$

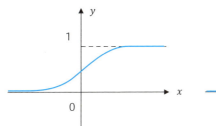

(b) ReLU関数

$$y = \max(0, x)$$

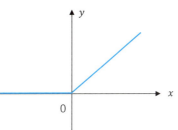

(c) シグモイド関数の勾配

$$y = \frac{e^{-x}}{(1+e^{-x})^2}$$

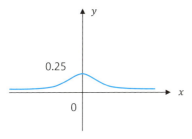

(d) ReLU関数の勾配

$$y = \begin{cases} 0 \ (x < 0) \\ 1 \ (x \geqq 0) \end{cases}$$

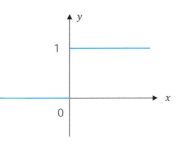

図2.11 2つの活性化関数、シグモイド関数とReLU関数の比較。シグモイド関数ではxが大きい部分の勾配が小さくなってしまう一方、ReLU関数の勾配は常に1であり消失しない

段数の多いニューラルネットワークでは、学習の際に、この小さな値の勾配を何度も掛け合わせるため、深い層では勾配が0に近づいてしまう問題（勾配消失問題：MEMO参照）がありました。これに対し、図2.11 （b）のReLU関数の勾配は図2.11 （d）であり、xが0以上の部分での勾配は1となります。

MEMO｜勾配消失問題

勾配消失問題とは、深いニューラルネットワークの誤差逆伝搬法による学習において、小さな勾配を何度も掛け合わせることで、入力層付近の勾配がゼロに近くなってしまう（消失してしまう）問題のことです。深いニューラルネットワークの本質的な課題とされていましたが、ReLU関数の登場などにより、今では解決されたと言えるでしょう。

　1は何回掛け算しても1であり、深い層でも勾配が消失しにくいメリットがあります。実際、ReLU関数により勾配消失問題が解決したことがブレークスルーとなり、最近の100層を超える画像処理CNNの成功につながったと考えられます。

　またReLU関数には、関数自身も勾配も、どちらも簡単な演算により計算でき、高速に処理できるというメリットもあります。

2.2.6　誤差逆伝搬法に基づくCNNのフィルタ重みの学習

　ここまでCNNのフィルタ重みwは、既に与えられている前提で考えてきましたが、wはパラメータであり、学習により決定する必要があります。

　CNNでは入力画像が同じでも、フィルタ重み（w）が変わるとCNNの出力値が変わり、分類結果も変わります。

　CNNにおける学習とは、CNNの分類結果を、できるだけ正解ラベルに近づけるように、パラメータwを最適化する処理のことです。具体的には、CNNの出力と正解ラベルの間の誤差を損失関数（loss function）（MEMO参照）の$L(w)$で表し、この$L(w)$を最小化するパラメータwを得る方針を採ることが多いです。

　例えば、横軸をパラメータw、縦軸を$L(w)$とした場合に、関数$L(w)$が 図2.12 のように表されたとしましょう。この時、$L(w)$が小さくなるwをうまく見つけることを目指します。

> **MEMO ｜ 損失関数（loss function）**
>
> ニューラルネットワークの学習において、予測値と学習データの正解ラベルの乖離度を評価するための関数です。「次の一手」タスクなどの分類モデルの場合はクロスエントロピー関数、「勝率予測」などの回帰（値の推定）の場合は二乗誤差関数が使われることが多いです。

勾配降下法

　これに対し、勾配降下法（MEMO参照）と呼ばれる手法では、あるwから下り勾配の向きに少し進み、$L(w)$が少し小さくなるwを作成する、というwの更新処理を繰り返します。なおこの下り勾配は、$L(w)$が大きくなる向きを表す勾配Δwにマイナスを付けた値です。また毎回の更新幅は学習率αと呼ばれています。

> **MEMO ｜ 勾配降下法**
>
> 最適化の計算において、勾配を利用して、少しずつ解を改善していく手法を指します。

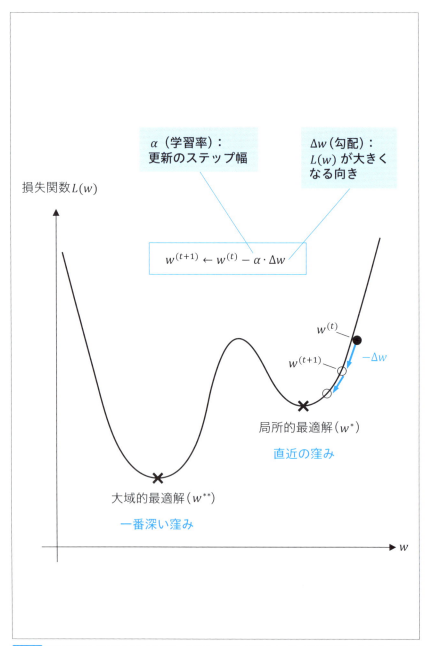

図2.12 損失関数$L(w)$を小さくするように、勾配Δwを用いてパラメータwを更新する。ある点$w^{(t)}$における下り勾配（$-\Delta w$）を求めると、$w^{(t)} - \alpha \cdot \Delta w$により、損失関数が小さくなる点$w^{(t+1)}$を見つけることができる。この操作を繰り返すことで、損失関数の局所的最適解を求めることができる

この更新処理を繰り返すことで、直近の窪み（ 図2.12 のw^*のような点）を発見できます。この窪みの部分（w^*）では、wをどちらに側に動かしても、$L(w)$の値が大きくなるため、**局所的最適解**（local optimal solution）（MEMO参照）と呼ばれます。ただし、この方法では直近の窪みに落ち込んでしまうため、遠くに1番深い窪み（**大域的最適解**：global optimal solution）（MEMO参照）と呼ばれる 図2.12 のw^{**}のような点）があっても見つけられないことには、注意が必要です。

MEMO | **局所的最適解**（local optimal solution）

最適化問題において、あるルールを用いて解を少しずつ改善していく場合に、それ以上改善できないような解のことを言います。局所的には一番よい解となることから、このように言われます。

MEMO | **大域的最適解**（global optimal solution）

最適化問題において、真の最適解のことを大域的最適解と言います。局所的に一番よい解を表す、局所的最適解に対し、「大域的に」全体を見た一番よい解であることから、このように言われます。

一般に、学習の問題は、ある損失関数の最小化という形で定式化できることが多いのですが、この問題を解析的に解けない場合には、ここで述べたような、勾配を利用してパラメータを少しずつ更新することで解を求めることが多いです。

実際、本書の中でこの後に解説する機械学習、強化学習の手法はすべて、パラメータ更新により最適化する方針を採っています。

CNN の学習の場合

ここまで、損失関数 $L(w)$ は w だけの関数であるとして議論してきましたが、CNN の学習の場合はパラメータが複数あり、かつ出力を計算するプロセスが多段階になっています。そこで次に示すような Step 1～Step 4 の手順を学習結果が収束するまで繰り返します。

・Step 1　出力の計算

最初に各学習データに対する、CNN の前向き計算による出力を計算します。

・Step 2　損失関数の計算

次に CNN の出力と正解ラベルとを比較して、損失関数を計算します。

・Step 3　勾配 Δw の取得

さらに、出力計算の際とは逆の後ろ向き（出力層から入力層に向かう向き）に、誤差の大きさを伝搬し勾配 Δw を得ます。

・Step 4　パラメータの更新

最後に $w^{(t+1)} \leftarrow w^{(t)} - \alpha \cdot \Delta w$ によりパラメータを更新します。

Step 3 の後ろ向き処理に着目し、一連の処理は誤差逆伝搬法（backpropagation）と呼ばれることもあります。誤差逆伝搬法の詳細は参考文献（MEMO 参照）などを参照してください。

> **MEMO｜誤差逆伝搬法の参考書籍**
>
> 誤差逆伝搬法に関する、より詳細な解説は、次の書籍を参考にしてください。
> 『ゼロから作る Deep Learning ―Python で学ぶディープラーニングの理論と実装』
> （斎藤 康毅著、オライリージャパン、2016 年）

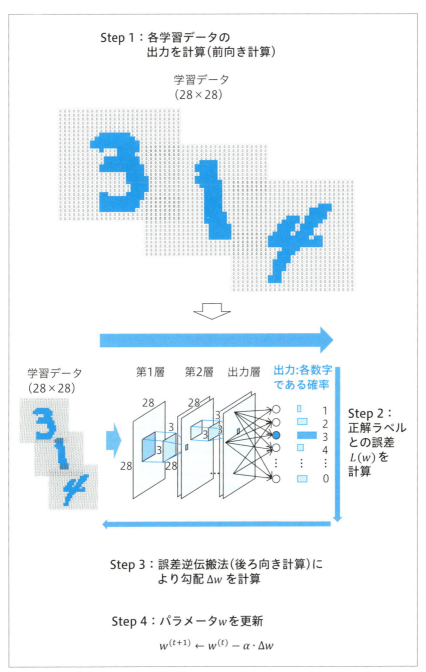

図2.13 MNISTの場合のパラメータ学習の流れ。各学習データに対する出力を計算した後、正解ラベルとの誤差を計算し、誤差逆伝搬法を元にパラメータを更新する

なお、Step 1〜Step 4の処理については毎回すべての学習データを使う方法もありますが、各回はランダムに選択した一部の学習データのみを使う手法が使われることも多いです。これはミニバッチ法と呼ばれ、勾配法の場合は特に**確率的勾配降下法**（SGD: stochastic gradient decent）（MEMO参照）と言われています。

MEMO｜確率的勾配降下法（SGD: stochastic gradient decent）

勾配降下法において、毎回すべての学習データを使って勾配を更新するのではなく、ランダムに選択した一部の学習データ（ミニバッチ）を利用して、勾配を更新する手法です。学習を高速化する効果がある他、局所的最適解から抜け出しやすくなる効果も知られています。

SGDは、毎回すべての学習データを使う場合と比べると、1回の更新に要する時間が短く、かつ局所的最適解から抜け出しやすくなるメリットがあります。また並列化が容易であることから、大規模データの学習に使われることが多いです。

またSGDを早く収束させるため学習率を動的に定める手法として、最近ではAdaGrad、Adam、RMSProp（MEMO参照）などが使われることも多いです。

ただし、実問題の評価によると、高速化の効果は問題によって異なり、SGDの**学習率α**（MEMO参照）を定期的に小さくするような素朴な手法が有効となる場合もあるようです。アルファ碁の学習でもSGDが使われています。

MEMO｜AdaGrad、Adam、RMSProp

より詳細な解説は、次のサイトを参考にしてください。

Qiita: AdaGrad, RMSProp, Adam, AMSGrad, Adam-HD
URL http://qiita.com/skitaoka/items/e6afbe238cd69c899b2a

MEMO｜学習率α

逐次パラメータを更新する最適化アルゴリズムにおいて、1回当たりの更新幅のことです。

2.2.7 最近の画像処理CNNの研究の進展

ここまで解説したことは、CNNの基本形ですが、画像認識のCNN技術は2010年代に入り、急速に発展を遂げています。少し本題から離れますが、画像処理CNNの最近の発展の一端にも触れておきましょう。

2012年には、画像認識の競技会であるILSVRC（MEMO参照）でトロント大のヒントン教授らのチームがディープラーニングを用いて、2位を圧倒する成績で優勝し、注目を浴びました。

MEMO | **ILSVRC**

　ImageNet Large Scale Visual Recognition Challenge の略。2010年からはじまった一般画像認識の競技会のことです。
　一般画像認識とは、ある画像の中から定められた物体の位置とカテゴリ（クラス）を検出することを指します。

ImageNet Large Scale Visual Recognition Challenge（ILSVRC）
URL http://www.image-net.org/challenges/LSVRC/

ヒントン教授らの圧勝の原動力となったCNNは、AlexNet（MEMO参照）と呼ばれています。この後、2014年のILSVRCではグーグルが開発したGoogLeNet（MEMO参照）が優勝、2015年のILSVRCではマイクロソフトが開発したResNet（残差ネットワーク）（MEMO参照）が優勝、というように矢継ぎ早に、新しい構造の優れたCNNが登場してきました。

MEMO | **AlexNet**

　AlexNetは次の論文で説明されています。

『ImageNet Classification with Deep Convolutional Neural Networks』
（Alex Krizhevsky、Ilya Sutskever、Geoffrey E. Hinton、NIPS、2012）
URL https://papers.nips.cc/paper/4824-imagenet-classification-with-deep-convolutional-neural-networks.pdf

MEMO | GoogLeNet

GoogLeNetや、GoogLeNetのポイントとなるインセプション構造の詳細については次の論文で説明されています。

『**Going deeper with convolutions**』
(Christian Szegedy、Wei Liu、Yangqing Jia、Pierre Sermanet、Scott Reed、Dragomir Anguelov、Dumitru Erhan、Vincent Vanhoucke、Andrew Rabinovich、Computer Vision and Pattern Recognition、2015)
URL https://arxiv.org/pdf/1409.4842.pdf

MEMO | ResNet（残差ネットワーク）

ResNetや、ResNetのポイントとなるショートカットを表す残差ブロックの詳細については次の論文で説明されています。

『**Deep Residual Learning MSRA @ ILSVRC & COCO 2015 competitions**』
(Kaiming He with Xiangyu Zhang、Shaoqing Ren、Jifeng Dai、& Jian Sun Microsoft Research Asia (MSRA)、2015)
URL http://image-net.org/challenges/talks/ilsvrc2015_deep_residual_learning_kaiminghe.pdf

百聞は一見に如かず、ということで、まずは関連する各論文からCNNの形状を表す図を引用してみましょう（図2.14）。図だけを見ると、やみくもに層を重ねているようにも見えてしまいますが、驚くべきことに、これらは極めて精緻に組み上げられた、人間の画像認識力に匹敵、もしくは凌駕するCNNです。

ILSVRCの一般物体認識タスクでは、top 5エラー率（5位以内に入らなかった率）により認識性能を評価します。これは、5個の候補を回答でき、その中の1つが正解と合えば成功とすることを意味しています。人間の場合、このtop 5エラー率は5％程度であることが知られています。

(a) AlexNet[*1]

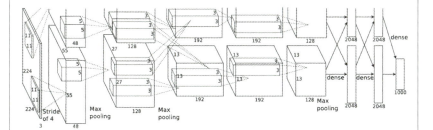

(b) GoogLeNet[*2]

インセプション構造

(c) ResNet[*3]

ショートカット構造

*1 出典：『ImageNet Classification with Deep Convolutional Neural Networks』
 (Alex Krizhevsky,Ilya Sutskever,Geoffrey E. Hinton、NIPS、2012年）より引用
 URL https://papers.nips.cc/paper/4824-imagenet-classification-with-deep-convolutional-neural-networks.pdf

*2 出典：『Going Deeper with Convolutions』
 (Christian Szegedy, Wei Liu, Yangqing Jia, Pierre Sermanet, Scott Reed, Dragomir Anguelov, Dumitru Erhan, Vincent Vanhoucke, Andrew Rabinovich Google Inc. University of North Carolina, Chapel Hill University of Michigan, Ann Arbor ,Magic Leap Inc. 2015年）より引用
 URL http://www.cv-foundation.org/openaccess/content_cvpr_2015/papers/Szegedy_Going_Deeper_With_2015_CVPR_paper.pdf

*3 出典：『Deep Residual Learning　MSRA @ ILSVRC & COCO 2015 competitions』
 (Kaiming He with Xiangyu Zhang, Shaoqing Ren, Jifeng Dai, & Jian Sun Microsoft Research Asia (MSRA)、2015年）より引用
 URL http://image-net.org/challenges/talks/ilsvrc2015_deep_residual_learning_kaiminghe.pdf

図2.14 畳み込みニューラルネットワーク（CNN）の様々な発展形

これら3個のCNNの特長と性能を簡単に比較したものが 図2.15 です。各CNNに対して、発表年度、開発組織、エラー率の他、CNNの規模を表す層の数・パラメータの数をそれぞれ示しました。

● 2012年に登場したAlexNetは、それまでのエラー率を10%近く改善した
● その後の改良により、最近では、人間のエラー率5%を切っている

	AlexNet	GoogLeNet	ResNet
発表年	2012年	2014年	2015年
開発組織	トロント大	グーグル	マイクロソフト
エラー率 (%)	15.3	6.7	3.6
層の数	8	22	152
パラメータ数	約6000万	約700万	約6000万

図2.15 GoogLeNet、AlexNet、ResNetの比較

2012年に登場したAlexNetは、ILSVRCにおける一般物体認識のtop 5エラー率を、従来よりも10%程度向上し、15.3%に達しました。構造としては、8層と浅いものの、全結合層の割合が大きいためパラメータ数は約6000万に達します。

これに対し2014年に登場したGoogleNetは、分岐して複数の畳み込み処理を並列実行するインセプションと呼ばれる構造を、複数重ねた22層のCNNとなっています。層数は多くなったものの、全結合層の割合が減ったことで、パラメータ数は700万程度に収まっています。結果、top 5エラー率は6.7%となり、人間の認識性能に迫りました。

さらに2015年に登場したResNetは、残差ブロック（residual block）と呼ばれるショートカットを持つ構造を利用することで、さらなる多層化を可能としたCNNです。全体として152層もありますが、top 5エラー率は3.6%まで向上し、ついに人間の認識率を超えました。

これらのCNNはILSVRCのコンペティション以降も、改良が続けられ性能が向上しています。またここで紹介した以外にも、様々な野心的なCNNが登場し、日々ネット上を賑わしています。

03 アルファ碁における畳み込みニューラルネットワーク

ここでは、囲碁の「次の一手」タスクを実現する畳み込みニューラルネットワーク（CNN）である、アルファ碁のSLポリシーネットワークの構造や学習の詳細について説明します。

2.3.1 アルファ碁の畳み込みニューラルネットワーク（CNN）

ここでいよいよアルファ碁のCNNが登場します（図2.16）。アルファ碁の第1のブレークスルーは、「次の一手」タスクにおいて、人間の強いプレイヤとの一致率57％というCNNの圧倒的な性能を示したことです。

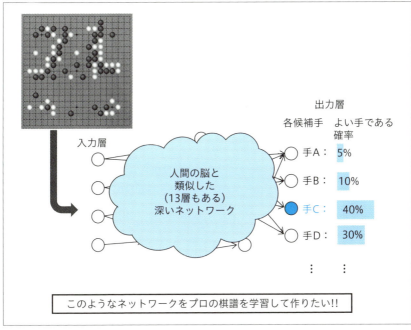

図2.16 囲碁におけるディープラーニング。囲碁の局面を2次元画像とみなして入力し、各候補手がよい手となる確率を出力する

2.3.2 「次の一手」タスクと画像認識の類似性

「次の一手」タスクも、実は手書き数字認識とよく似ています。「次の一手」タスクと手書き数字認識を比較してみましょう（ 表2.1 ）。

1.4.3項で述べた囲碁の「次の一手」タスクは、入力として各候補手の特徴量をとり、出力は各候補手の得点を元にした次の一手でした。

ここで特徴量の代わりに、囲碁の局面（19×19路の盤面）そのものを入力することにすると、あたかも2次元画像であるかのように扱えそうです。また出力に関しては、次の手を盤面のどこに打つかということで、こちらも19×19路の盤面で表現できます。

ここで、囲碁の19×19路のそれぞれの位置（交叉点）に「1」～「361」のラベルを付けることにし、「次の一手」タスクはこのラベルを出力すると考えます。このように見方を変えると、「次の一手」タスクは19×19路の盤面を入力して、「1」～「361」のラベルを出力する分類問題となり、手書き数字認識タスクが画像を入力とし「0」から「9」のラベルを出力するのと同様の構造を持つことがわかります。

表2.1 手書き数字認識と囲碁AIのCNNの類似性

	画像認識 （手書き数字認識の例）	囲碁の「次の一手」タスク
対象	手書きの数字	囲碁の盤面情報
手法	N層のディープラーニング （様々な手法あり）	13層のCNN
入力層	・28×28ピクセルの画像 ・グレースケールの1チャネル ・値は0～255の整数	・19×19路の盤面 ・48チャネル ・値は0-1のいずれか
出力	0～9のいずれか	19×19路の361種類の位置のいずれか
学習データ	人間が手書きした大量の数字 （例：郵便番号）	強いプレイヤによる囲碁の大量の棋譜

1.4.3項で述べた「次の一手」タスクに対する従来型の機械学習によるアプローチでも、出力を分類ラベルとみなしている点は同じです。

ただし従来型の機械学習とCNNとの大きな違いは、CNNでは入力（および出力）を19×19路の盤面そのものとみなしている点です。

19×19路の位置情報をそのまま入力とするということは、特徴を細かく作り込んでいく従来型の機械学習の観点からは考えられないことでした。

2.3.3　囲碁の手を選択するCNN（SLポリシーネットワーク）

アルファ碁において、（局面を入力して、各位置に打つ確率の予測値を出力する）「次の一手」タスクを実行するCNNは、SLポリシーネットワーク（MEMO参照）と呼ばれています。

MEMO｜SL

Supervised Learning（教師付き学習）の略です。

13層の中間層を持つSLポリシーネットワークの構造は次のようになっています（ 図2.17 ）。

- 入力層：48チャネル
- 第1層：5×5の192種類のフィルタとReLU関数
- 第2～12層：3×3の192種類のフィルタとReLU関数
- 第13層：1×1の1種類のフィルタと位置に依存するバイアス項、さらにソフトマックス関数

入力層は、次の2.3.4項で触れるように、盤面情報から計算できる48チャネル（チャネルとは入力の種類のこと。カラー画像データにおいて赤、緑、青の3つのカラーチャネルを使う場合に準じてチャネルと呼ばれる）からなる特徴量を用いています。

- SLポリシーネットワークの構成
  - 入力は48チャネル(黒石／白石の位置、石を取れる位置、シチョウ(当たりと逃げる手を繰り返して石を取る変化)、……)
  - 全部で13層
    - 1〜12層のフィルタは各層に192種類ずつあり、1層目のみ5×5、2〜12層は3×3

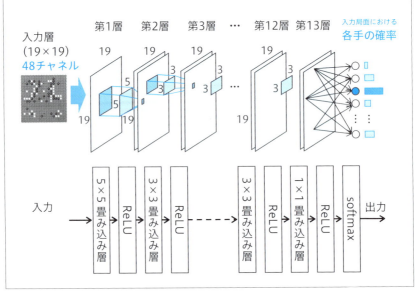

図2.17 アルファ碁のSLポリシーネットワークの構成。第1層は5×5のフィルタ192種類、第2〜12層は3×3のフィルタ192種類からなる。第13層は1×1のフィルタ1種類で、最後にソフトマックス関数を通して確率値を変換する

中間層のフィルタ

中間層のフィルタは各層に192種類ずつあり、第1層のみ5×5、第2〜12層は3×3、出力層（第13層）は1×1となっています。

各層の畳み込み処理は、第2〜12層の例で言うと、19×19の192枚の入力に対して、3×3の192枚のフィルタ192種類を畳み込み、再び19×19の192枚の出力を作る処理です。この畳み込み処理を13回繰り返しています。3×3という狭い範囲のフィルタを用いた畳み込みでも、何回も重ねると、広い範囲の特徴を見るのと同じような効果が得られます。結果的に、画像処理の場合と同様に、局所的な特徴を全体に組合せたような大域的な特徴を検出し、手の予測に活かすことができます。囲碁では、局所的な石の形の評価と、大局的な視点とを、バランスよく評価する必要であり、CNNの考え方とよく合っていると言えるかもしれません。

13層目の1×1のフィルタに通して、19×19の出力に変換した後は、ソフトマックス関数（MEMO参照）と呼ばれる関数を利用し、19×19の位置（交叉点）に対する確率値に変換します。

> **MEMO｜ソフトマックス関数**
>
> 分類問題をニューラルネットワークで解く場合に、出力層の活性化関数としてよく用いられます。

図2.18 に各眼の出力確率の例を示します。入力が 図2.18 (a) の黒番局面である場合、出力は 図2.18 (b) のような19×19のマップとなり、各セルの値はその位置の手が出力される確率となります。この例は、左真ん中の17%と表示された手が、確率最大の手であり、この場合正解である強いプレイヤの手と一致した例となっています。

(a) 現局面（39手目黒番）

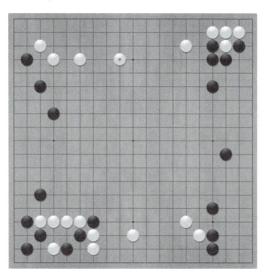

(b) SLポリシーネットワークの出力

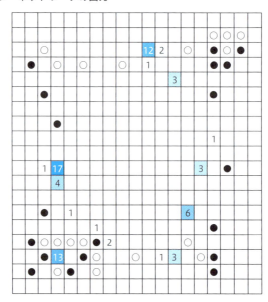

図2.18 SLポリシーネットワークの出力の例。(b) は (a) の局面の場合の出力例であり、各マスの値は小数点以下を四捨五入した出力確率（％）を表す。空欄はすべて1％未満である

なおここで示したアルファ碁のSLポリシーネットワークでは、畳み込み処理、ReLU関数、ソフトマックス関数という基本的な素子のみで構成されています。その他、プーリング（MEMO参照）、バッチ正規化（MEMO参照）、ドロップアウト（MEMO参照）などの学習を安定させるための手法は使われておらず、ここ数年の感覚からすれば比較的シンプルな構造のネットワークです。ネットワーク構造よりは、データの質と量で勝負しているようです。

> **MEMO｜プーリング**
>
> CNNの演算の工夫の1つで、入力となる2次元データに対して、隣接する2×2などの領域を平均や最大などの演算によりまとめた（poolした）ものを計算し、次の層に送る仕組みのことです。
> 画像処理では、各層の畳み込み層の後にプーリング層が置かれることがあります。結果として、入力の平行移動や、ずれなどに頑健なモデルが得られます。

> **MEMO｜バッチ正規化**
>
> バッチ正規化とは、ニューラルネットワークの学習時に、各層の入力を、平均0、分散1になるように変換しながら、前向き計算を進める方法です。学習を高速化できることが知られています。

> **MEMO｜ドロップアウト**
>
> ドロップアウトとは、ニューラルネットワークの学習時に、毎回ランダムに一定割合のノードを消した状態で学習を行う手法です。消したノードでは、パラメータの更新を行わないため、一見、学習の精度が落ちそうに見えますが、実は過学習を防ぐ効果があることが知られています。

一方、アルファ碁論文以降の研究成果として、ResNetのショートカット構造とバッチ正規化処理とを使うネットワーク構造の改良（MEMO参照）や、次の1手だけでなく次の3手をまとめて予測する改良（MEMO参照）などが提案されており、いずれも認識率が上がると言われています。なお、第6章で述べるアルファ碁ゼロには、ResNetやバッチ正規化の手法も取り入れられています。

MEMO　ResNetのショートカット構造と
バッチ正規化処理とを使うネットワーク構造の改良

次の論文では、ResNetのショートカット構造とバッチ正規化処理とを使うネットワーク構造の改良について述べられています。

『Improved architectures for computer Go』
(Tristan Cazenave、2016)
URL　https://openreview.net/pdf?id=Bk67W4Yxl

　他にも入力チャネルとして、「100回プレイアウトした際の、黒・白どちらの地になったかの回数」といった、プレイアウトの結果得られる情報を入力に使っている点も特徴的です。これらの工夫の結果として、強いプレイヤの手との一致率が、58.5%になったと述べられています（アルファ碁の場合、一致率は最高でも57%でした）。

MEMO　次の3手をまとめて予測する改良

　次の論文では、次の1手だけではなく、先の3手すべてを予測するようなCNNの利用について述べられています。

『Better computer Go player with neural network and long-term prediction』
(Yuandong Tian, Yan Zhu、International Conference on Learning Representations (ICLR)、2016)
URL　https://arxiv.org/pdf/1511.06410.pdf

　この他にも入力チャネルとして、「盤面の中央からの距離」、「学習棋譜における相手プレイヤの強さ（9段階）」、「直近の味方や敵の石からの距離」などを入力として利用する点も特徴的です。このニューラルネットワークでは、シチョウの評価や、一手先の呼吸点（あと何手でその石を含む連が取られるか）の数の評価など、先読みが必要な情報は一切使っていないにもかかわらず、一致率が57.3%になったと述べられています。

2.3.4　SLポリシーネットワークの入力48チャネルの特徴

　ここでアルファ碁のSLポリシーネットワークの入力チャネルの内容をもう少し詳しく見てみましょう。アルファ碁では、入力をすべて19×19の点ごとの0と1のデータで表現しています。

　本書で参照しているアルファ碁論文によると、黒石の位置、白石の位置、空白の位置の3チャネルを与えるだけでも48%程度の一致率は得られますが、事前にもう少し洗練した特徴情報を作っておき、入力とするほうがよりうまくいくようです。

　アルファ碁では、合計48盤面分（48チャネル分）の入力情報を事前に作っています。具体的には 表2.2 に示すように、石や空白の位置の他、直前$k(k = 1\sim8)$手前に打たれた位置や、石を取れる位置、石を取られる位置、呼吸点がk個ある連の位置かどうか（$k = 1\sim8$）、合法手かどうか、など手の性質に関係が深そうな特徴を利用しています。

　なお盤面の見た目で決められる情報だけでは、取り合いなどの探索が必要な場面で、よい手を見落としやすくなります。そこでさらに、シチョウ（当たりと逃げる手を繰り返して石を取る変化）が成立するか否かといった、特徴も利用しています。

表2.2 SLポリシーネットワークの48チャネル分の入力。すべてのチャネルは19×19路の盤面に対応した0-1データとして表現される。またk=1〜8となっている項目に関しては、k=1,2,…,7および8以上のそれぞれの場合を1チャネルで表し、計8チャネルで表現する

入力チャネルの種類	チャネル数
黒石の位置	1
白石の位置	1
空白の位置	1
k手前に打たれた位置（k=1〜8）	8
石がある場合の当該連の呼吸点の数（k=1〜8）	8
そこに打った後、石を取れるか（取る数:k=1〜8）	8
そこに打った後、当該連を取られる場合に、何個石を取られるか？（石の数:k=1〜8）	8
そこに打った後の、当該連の呼吸点の数（呼吸点の数:k=1〜8）	8
そこに打った後、隣接する相手の連をシチョウで取れるか？	1
そこに打たれた後、隣接する味方の連をシチョウで取られるか？	1
合法手か？	1
すべて1で埋める	1
すべて0で埋める	1
合計	48

各チャネルの特徴量の計算例を 図2.19 に示します。

（a）が現局面（黒番）であり、（b）～（g）にこの局面に対する特徴量の計算結果を示しました。

（b）、（c）、（d）は白石、黒石、空白のそれぞれの位置を表しています。

（e）は直前1手前～8手前までに打たれた石の履歴をヒートマップで表し、濃いほど直近の手を表しています。

（f）は連の呼吸点の数を表し、連を構成する石のすべての位置に、当該連の呼吸点の数を記入し、数の大きさをグレースケールで表しています。つまり、大きな数値に濃い色、小さな数値に薄い色を割り当てて表しています。ここでは濃いほど呼吸点の数が少なく、切迫した状況を表しています。

（g）はそこに打った時に、取れる石の数を表しています。

読者の方は、このヒートマップを見て、どのあたりに打ちたくなったでしょうか？

まず（g）が示す点が実利から言って最有力と思われます。また（f）の連の呼吸点に基づく緊急度の情報は、左上辺の重要性を示しています。

一方（e）の最近打たれた位置から判断すると、右下辺の重要度が高そうです。これに（b）～（d）の各位置の石の組合せの情報を加味して、次の一手は決定されます。このような複雑な要素の組合せを、人手でチューニングすることは難しそうですが、絶妙なバランスで重みパラメータを学習したSLポリシーネットワークならば可能です。SLポリシーネットワークの気持ちになって局面を見直してみると、ひょっとすると読者の棋力向上にもつながるかもしれません。

このように48チャネルの特徴に分けて入力する場合、複数の特徴を組合せたフィルタを使うことで、石の位置と各種特徴とを組合せた特徴を第1層のフィルタで捉えることができます。

なお入力の情報を直接捉えられる第1層ではフィルタサイズを5×5と、第2層以降のフィルタのサイズである3×3よりも大きくすることで、ある程度広い範囲の特徴を正確に捉えられるメリットがありそうです。

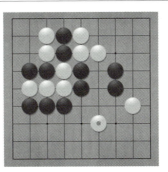

図2.19 SLポリシーネットワークの入力特徴量の例(一部)。ここでは(a)の9×9路の盤面に対する、6種類の特徴を示した。(b)(c)(d)の位置情報は9×9の0-1データとして表現される。(e)(f)(g)については本来、9×9の0-1データからなる8チャネルで表されるが、紙面の節約のため、それぞれ1〜8の数字を記入した9×9の青色の濃淡で表している

2.3.5 SLポリシーネットワークの畳み込み計算の例

　ここでSLポリシーネットワークの畳み込み計算をもう少し具体的に追いかけてみましょう。ここでは、入力が黒石の位置、白石の位置の2チャネルだけであるとして、第1層の畳み込み演算を考えてみます。この場合、フィルタは5×5サイズ2枚のパターンからなります。

　例えば、図2.20 （a）の真中の「フィルタで捉えたい石の組合せ」の配置を検出したいとします。この場合例えば、この「石の組合せ」の黒石部分に1を立てた黒石チャネルに対するフィルタと、白石部分に1を立てた白石チャネルに対するフィルタを考えればよいでしょう（図2.20 （b）や（c）の真中の図）。

★の位置の出力値を計算

　まず図2.20 （a）の★の位置の出力値を計算するには、図2.20 （b）のように、黒石チャネルの★を中心とする5×5部分とフィルタの対応する部分の積和（ここでは、共に1である部分の個数を数えることと同じ）をとり、さらに白石チャネルの★を中心とする5×5部分とフィルタの対応する部分の積和を加えます。この場合、6+4 = 10となります。

▲の位置の出力値の計算

　一方、▲の位置の出力値の計算は、各チャネルの対応する5×5の領域が1マス下にずれることを除けば同様であり、出力値は2＋1＝3となります（図2.20 （c））。

　このように、フィルタの配置パターンと類似する場合（★の場合）には出力値は大きくなり、似ていない場合（▲の場合）には出力値が小さくなります。よってフィルタにはパターンの検出効果があることがわかります。

　なお、畳み込み計算はこのフィルタを平行移動させながら入力チャネルに適用しますので、このパターンが盤面上のどこに現れたとしても検出できます。

(a) 畳み込み計算の例

現局面

×

フィルタで捉えたい
石の組合せ

=

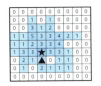
畳み込み計算結果
(★：10、▲：3)

(b) ★の位置の畳み込み計算の例

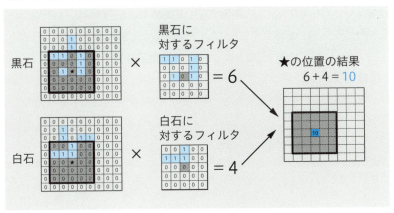

(c) ▲の位置の畳み込み計算の例

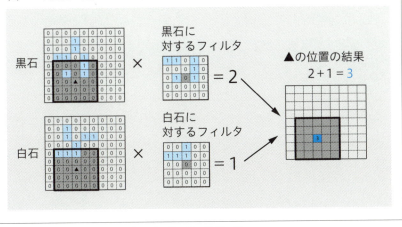

図2.20 SLポリシーネットワークの第1層の畳み込み計算の例。
（b）フィルタで捉えたい石の組合せの中心位置である★の畳み込み計算結果は10と大きくなる。
（c）★の1個下の▲の畳み込み計算結果は3と小さくなる

SLポリシーネットワークの第1層

SLポリシーネットワークの第1層にはフィルタが192種類あるため、192種類以上の（1個のフィルタで複数の特徴を検出できるので、実際にはもっとずっと多くの）特徴を検出できます。

またここでは黒石、白石の位置の2チャネルだけを考えましたが、実際には48チャネルあるため、石の位置、過去の履歴、連の石数、呼吸点数などを組合せた複雑な特徴を捉えられます。

ただし、後述する 図2.25 の第1層のフィルタの学習結果を見る限り、解釈することは容易ではありません。この解釈困難性の問題（MEMO参照）は画像認識の場合も同様にあり、「学習結果をいかにして可視化して、解釈するか」ということは、ディープラーニング共通の課題となっています。性能が上がればそれでよいというものではありません。なぜそうなるのかわからないツールは、ユーザを不安にさせます。アプリケーションによっては、怖くて使えないということもあります。

> **MEMO｜解釈困難性の問題**
>
> ディープラーニングの学習により得られたモデルは、多くの場合、パラメータの数が多過ぎて、仮に性能が高かったとしても、そのモデルを解釈することは難しいことが知られています。このことは、どのような場合にうまくいくか、いかないか、ということが実行するまでわからない、ということにつながり、産業に応用する場合に大きな障壁となっています。

2.3.6　SLポリシーネットワークの計算量

　SLポリシーネットワークにおける各層の畳み込み計算は19×19の192枚の入力情報に対して、3×3サイズのフィルタ（第1層は5×5サイズ, 第13層は1×1サイズ）192枚により畳み込み計算を行い、その後ReLU関数に通します。これで出力1枚分が計算されます。さらに、この出力を192枚分計算するため、この計算全体を192回繰り返します。

　なお計算量のほとんどは、畳み込み計算です。したがって各層の畳み込み計算には、19×19×3×3×192×192の足し算が必要であり、フィルタ重みパラメータの数は3×3×192×192です。これを層の数分足し合わせると、SLポリシーネットワークで入力局面から出力確率を計算するまでの全体の計算量と変数の数は次のように得られます。

- 畳み込みの足し算回数：19 × 19 × 3 × 3 × 192 × 192 ×（層の数：12）
　= 約14億回
- フィルタ重みパラメータの個数：3 × 3 × 192 × 192 ×（層の数：12）
　= 約400万個

　なおここでは、簡単のため第1層も第2～12層と同じ構造であると仮定し、計算量とパラメータが少ない第13層は無視しました。

　これらの畳み込み計算は最近ではCPUではなく、GPU（MEMO参照）が用いられることが多いです。これは、近年のGPUの普及と、CUDA（MEMO参照）などのGPUの計算量を活かすプログラミング環境の整備が背景にあります。

> **MEMO ｜ GPU**
> Graphics Processing Unitの略称です。画像処理に特化した専用ハードウェアを指します。

> **MEMO ｜ CUDA**
> Compute Unified Device Architectureの略称です。NVIDIAが提供する統合開発環境です。

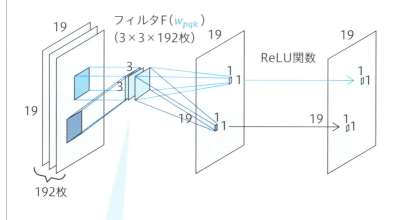

畳み込み計算: $u_{ij} = \sum_{k=1}^{192} \sum_{p=1}^{3} \sum_{q=1}^{3} w_{pqk} \cdot x_{i+p, j+q, k} + b$

ReLU関数: $y_{ij} = \mathrm{MAX}(0, u_{ij})$

パラメータ w_{pqk} の個数:

$3^2 \times$（フィルタの種類：192）$^2 \times$（層の数：12）$=$ 約400万個

畳み込み計算の足し算回数:

$19^2 \times 3^2 \times$（フィルタの種類：192）$^2 \times$（層の数：12）$=$ 約14億回

図2.21 SLポリシーネットワークの畳み込み計算とその計算量

アルファ碁でGPUを用いる場合、以上の計算にわずか5ミリ秒しかかからないと報告されています。

CPUの場合、筆者が開発したDeltaGoによる評価では0.1秒以上はかかるようです。したがってSLポリシーネットワークの場合、単純計算では、GPUのほうがCPUよりも20倍以上高速に評価できるようです。

Column | GPUの計算速度

最近のサーバーマシンでは、最大8枚程度搭載することができ、CPUと協調して処理を高速化することができます。

ただし、「GPUは、どのような計算でも速い」というわけではなく、画像処理や行列計算などによく現れ、条件分岐が少ない計算に強いです。

CNNの畳み込み計算も、ほとんど分岐のない計算に落とし込むことができるため、GPUの高速化が効きやすい領域です。最近ではGPUを活用するため、CUDA（Compute Unified Device Architecture）と呼ばれるNVIDIA（MEMO参照）が提供する統合開発環境を使うことが多いです。

CUDAのコンパイラやライブラリを利用することで、GPUの演算能力を画像処理だけでなく、科学技術計算、シミュレーションなど汎用的な用途へ広く活用できるようになりました。このような汎用コンピューティング向けのGPU活用技術をGPGPU（General-Purpose computing on Graphics Processing Units）と呼びます。

なおアルファ碁はイ・セドル九段との対決の際、GPUに代わるTPU（Tensor Processing Unit）（MEMO参照）と呼ばれる専用ハードウェアを使用しました。同じ電力消費量で比較した処理速度はGPUの10倍とのことです。

MEMO | NVIDIA

1993年創業の、米国の半導体メーカー。コンピュータの画像処理や計算処理を高速に行う半導体であるGPUを開発しています。近年、CUDAと呼ばれるGPU向けプログラミングの統合開発環境を提供することで、ディープラーニングの計算処理向けGPUの活用環境を飛躍的に高めました。

MEMO | TPU（Tensor Processing Unit）

グーグルが開発した、テンソルフロー向けに特化した深層学習専用プロセッサのことです。なおテンソルフローとは、やはりグーグルが開発したディープラーニング向けフレームワークのことです。

2.3.7 SLポリシーネットワークの学習用データの獲得

SLポリシーネットワークのように400万個もあるフィルタ重みパラメータを学習するには、大量の高品質な学習データ（入力局面と正解ラベルの組）が必要です。

「どの程度の学習データ量が必要なのか」という点について、定量的な議論は難しいのですが、パラメータの個数の数倍程度の学習データは確保しておきたいという感覚的な議論はよくなされます。

またここで触れている「高品質」とは、「ラベル付けの精度が高い」という意味です。囲碁の場合には、強いプレイヤの手が大量に必要となります。強いプレイヤの棋譜として、プロ棋士の公式戦のデータは容易に入手できますが、それだけでは十分ではありません。しかしありがたいことに、最近では、日々打たれているネット対戦棋譜を使うことができます。

アルファ碁の学習データ

アルファ碁は、学習データとしてインターネット対局サイト「KGS」（MEMO参照）の六段以上のプレイヤによる対戦棋譜16万局分を使いました。

> **MEMO** | **KGS**
>
> Kiseido Go Serveの略。KGSは、下記の無料の囲碁サーバーのことであり、無料で囲碁の対局や観戦をできるサイトとなっています。会員数は10万人を超え、世界中のプレイヤが集まっています。人間と人間の対局だけでなく、囲碁AIをボット（bot）として登録することができ、対局に参加しています。
>
> **KGS**
> **URL** https://www.gokgs.com/

1局の棋譜は200手程度の手順からなるので、1局から200個程度の学習データが得られます。結果、KGSの棋譜から、合計約3000万個の学習データを作ることができます。

また囲碁のプレイヤの実力は、弱いほうから、

10級 < … < 1級 < 初段 < 二段 < … < 九段

という順で強くなるため、六～九段の棋譜というのは、比較的品質の高い学習デー

タと言えます。

アルファ碁では、さらにこれらのデータを 図2.22 のように、回転・反転させることで、8倍の学習データに拡張しています。囲碁の場合、回転・反転の対称性が成り立ち、例えば180度回転させた局面では、180度回転させた手が最善になります。

一方SLポリシーネットワークは回転・反転された局面を、異なるものと捉えるので、この拡張は有効です。

このように労せずして8倍のデータが得られるのは、学習データの獲得の観点から言うと、大変ありがたい性質です。結果として、3000万 × 8 = 2億4000万の学習データを使っていることに相当します。こうした拡張も、いかに学習データの量が重要かを表していると言えます。

基本図	反転図
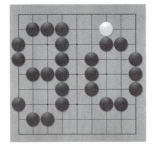	
90度回転	反転+90度回転
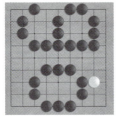	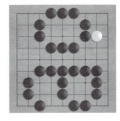
180度回転	反転+180度回転
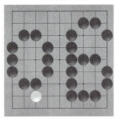	
270度回転	反転+270度回転
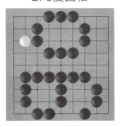	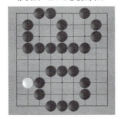

図2.22 囲碁の盤面が持つ8つの対称性

2.3.8 SLポリシーネットワークの学習手法

それではSLポリシーネットワークの学習は具体的にはどのように進めるべきでしょうか？

SLポリシーネットワークの学習の目的も、MNISTと同様、CNNが出力する手と正解ラベルの誤差である損失関数を最小化するような、フィルタ重みパラメータを得ることです。この学習も、接続関係にさえ注意すれば、全結合のニューラルネットワークと同様、誤差逆伝搬法の手続きを用いて行うことができます（図2.23）。

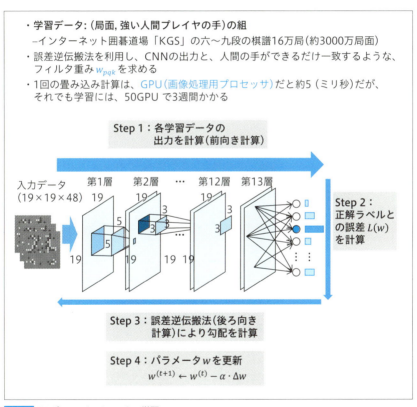

図2.23 SLポリシーネットワークの学習

アルファ碁では、学習データをサイズ16のミニバッチに分解して、確率的勾配降下法（SGD）により学習をしています（図2.24）。

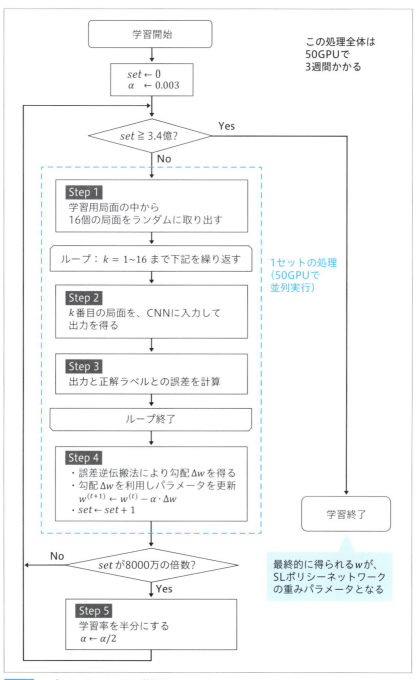

図2.24 SLポリシーネットワークの学習フローチャート

手順としては、次のようになります。

・Step 1　局面をランダムに取り出す

　全3000万局面の中から、16個の局面をランダムに取り出します。

・Step 2　ポリシーネットワーク経由の出力を計算

　この各局面をポリシーネットワークに通して出力を計算します。

・Step 3　誤差を計算

　Step2の出力とその正解ラベルとの誤差を計算します。

・Step 4　SGDによるパラメータの更新

　Step1からStep3のサイクルを16個の各局面に対して計算した後で、誤差を後ろ向き（出力層から入力層の向き）に伝搬して勾配を計算し、この勾配を元に学習率αのSGDにより$w^{(t+1)} \leftarrow w^{(t)} - \alpha \cdot \Delta w$とパラメータを更新します。なお$\Delta w$の値や学習手法の詳細についてはAppendix 1のA1.1.1項を参照してください。

　以上の流れはMNISTの場合と同様です。異なる点はネットワークの構造だけであり、前向き計算と後ろ向き計算の中身が変わります。

　Step 2～Step 4を1セットとします。パラメータの更新幅（α）が大きいと、だんだん誤差関数が小さくならなくなります。そこで、Step 2～Step 4を8000万セット繰り返すたびに、学習率αを半分にしています。このStep 2～Step 4を計3.4億セット繰り返した時に学習終了とします。

　上記の1セットの繰り返し計算は、50個のGPUで分担して、並列実行しています。この並列計算は、最後にパラメータ更新する部分を除くと独立性が高く、非同期に実行可能なため、ほぼ50倍近い高速化が可能であると考えられます。

　しかし、上記の3.4億セットの繰り返しは膨大な数であり、50個のGPUにより計算を並列化した場合でも、3週間かかるとのことです。これは、もしGPUが1個しか使えなければ、50倍の約3年かかることを意味します。さらにGPUすらなく

CPUが1個しかなければ60年以上かかる計算量ということになります。このことは、最近のGPU技術の進展と、計算機環境の充実の効果がいかに大きいかを示していると言えるでしょう。

2.3.9　SLポリシーネットワークの学習結果

本書が参照しているアルファ碁論文では、前述のKGS棋譜の約3000万局面のうち、100万個をテストデータとして評価に使っています。つまり、学習により得られたSLポリシーネットワークに対し、100万個のテストデータにおける手の一致率を調べることで性能を評価しています。

汎化と過学習

通常、教師付き学習では訓練データを使って学習します。一方で、ユーザは、訓練データでは示されなかった他の例についても正しい出力を返すことができるようになると期待します。

教師付き学習における汎化能力とは、学習時に与えられた訓練データに対してだけでなく、新たな未知データに対しても正しく予測できる能力のことです。

逆に、訓練データ特有の特徴にまで、過度に適合してしまうことを過学習と言います。この場合、訓練データについての性能は向上しますが、未知データでは逆に結果が悪くなります。

過学習の原因の1つとして、入力データの個数に比べて、モデルが複雑でパラメータの数が多過ぎることが挙げられます。このような過学習を検出できるように、学習データは、学習に利用する訓練データと、学習結果を評価するテストデータに分け、テストデータによる予測結果をもって、モデルの性能とすることが一般的です。

学習結果

結果として、従来の手法では最高でも44%程度であった人間の強いプレイヤの手との一致率を、何と57%まで高めることができました。一致率57%（MEMO参照）という数字は圧倒的な数字です。例えば、1.4.6項で説明したロールアウトポリシーの場合、膨大な種類の特徴を使っているにもかかわらず24%程度の一致率に留まります。

> **MEMO** | **一致率57%**
>
> アルファ碁の一致率57.0%を達成したSLポリシーネットワークは、各層の
> フィルタを256枚とした場合の結果です。またこの結果は、8個の回転反転対称パ
> ターンすべてを入力して、8個の予測確率を作り、その平均が最大となるような手を
> 採用した場合の結果となっています。このように、いくつかの予測手法を組合せて出
> 力を得る手法は、アンサンブル学習と言われ、多くの場合、単体の予測手法による場
> 合よりも精度が高まることが知られています。
>
> 一方、フィルタを192枚としたSLポリシーネットワークの単体評価の場合は、一致
> 率55.7%となっています。
>
> 本書の以降の記述では、ファン・フイ二段との対戦や、他のプログラムとの対戦評
> 価に使われた、フィルタ192枚のSLポリシーネットワークを単体で使う場合をベー
> スに解説しています。したがって、本来は一致率55.7%とすべきかと思いますが、説
> 明の混乱を避けるため、以降の記述で一致率に言及する場合は、57%を使用します。

また筆者が以前、計算に時間がかかるものを含めて様々な特徴量を駆使して作っ
たモデルも一致率は高々30%を超える程度でした。57%という数字がアルファ碁
以前は誰も想像し得ないような大きい値であるということは、強調しておきたいと
ころです。囲碁の合法手の数は、例えば100手目の局面でも250以上あります。こ
れが安定して最善手を選択できる強いプレイヤの手のみを対象にしているとは言
え、50%以上正解できるとは、とてつもなく凄い事実です。

実は、このように局面を与えて一手先の確率を読むSLポリシーネットワークは
単体でも、アマチュア三段程度（イロレーティングは1517点）になるとのことで
す。これほどの力があれば、囲碁AIは直観を獲得したと言えるのではないでしょう
か。

また驚くべきことに、この19路盤で学習したSLポリシーネットワークのフィル
タは、9路盤や13路盤にそのまま適用しても、ある程度まともな囲碁の手を打てる
ようです。入力した学習データと異なるゲームでも、それなりに使い物になるとい
うことは、CNNの汎用性を示しており、大変興味深いところです。

筆者が開発したDeltaGoは、実はSLポリシーネットワークそのものです。この
DeltaGoの場合の学習結果のうち、第1層のフィルタ重みパラメータの一部を
図2.25 に示します。

各フィルタの3段目は、当該フィルタが検出する、黒石と白石の組合せの特徴を
示しています。定量的な議論は難しいのですが、★の位置に黒石を打ちたくなる、
囲碁らしい配置のように見えるものもあります。

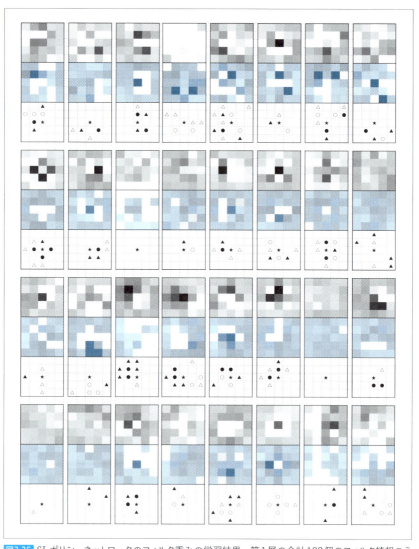

図2.25 SLポリシーネットワークのフィルタ重みの学習結果。第1層の合計192個のフィルタ情報のうち、最初の32個のフィルタ情報の一部を示した。各フィルタ情報は、3段に分けて示した。
1段目には、黒石チャネルに対する5×5フィルタを、値が大きいものを黒とする濃淡で示す。
2段目には、白石チャネルに対する5×5フィルタを、値が大きいものを青とする濃淡で示す。
3段目には、1段目と2段目のフィルタ情報により検出できる5×5の黒石と白石の配置の組合せを示す。
具体的には、中心を★とし、1段目（黒石）の値が大きい値（0.15以上）ならば●、ある程度大きい値（0.075以上）ならば▲で示し、2段目（白石）の値が大きい値ならば○、ある程度大きい値ならば△で示している

2.3.10 局面の有利不利を予測するCNN（バリューネットワーク）

アルファ碁の2番目のブレークスルーは、局面を与えて有利不利を予測するCNNであるバリューネットワークを作ったことです。

SLポリシーネットワークはある盤面に対して、各位置に石が打たれる確率を出力しましたが、バリューネットワーク（MEMO参照）は入力局面の勝率予測値を出力します。これは、局面の良し悪しの直観を表しています。

> **MEMO｜バリューネットワーク**
>
> アルファ碁において、局面の特徴を元に、勝率予測値を出力するCNNのことです。囲碁AI研究の歴史の中で、初めて作られた評価関数ということもでき、アルファ碁の画期的な成果の1つと言えるでしょう。

見方を変えると、これまで不可能とされていた囲碁の評価関数を作ったということです。本書が参照しているアルファ碁論文の最大の貢献は、このバリューネットワークを作り上げたことにあると言っても過言ではありません。

15層からなるバリューネットワークの構造は、次のようになっています（図2.26）。

- 入力層：49チャネル(SLポリシーネットワークと同じ48チャネル＋手番情報)
- 第1層：5×5サイズの192種類のフィルタとReLU関数
- 第2～11層：3×3サイズの192種類のフィルタとReLU関数
- 第12層：3×3サイズの192種類のフィルタ
- 第13層：1×1サイズの1種類のフィルタ
- 第14層：出力256個の全結合ネットワークとReLU関数
- 第15層：出力1個の全結合ネットワークとtanh関数

入力層は、SLポリシーネットワークと同様の48チャネルに手番情報が加わり、49チャネルとなっています。また出力層では、SLポリシーネットワークではどこに打つかの確率を点ごとに出力するため19×19個のノードが必要でしたが、バリューネットワークでは、勝率予測値(数字1個)なので出力は1ノードでよくなります。

第1～13層はSLポリシーネットワークとほぼ同じです。

第14、15層は全結合ネットワークを採用して出力1ノードに変換し、最終的にtanh関数（活性化関数の1つ）を通すことで－1.0以上1.0以下の勝率予測値を得

ています。

この解釈としては、1に近いほど、入力局面の手番側の勝率予測値が大きく、-1に近いほど、相手側の勝率予測値が大きいということです。

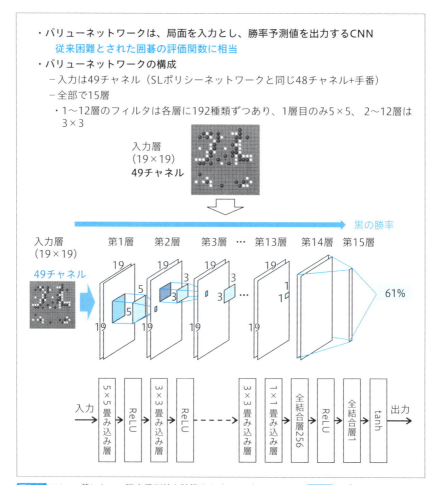

図2.26 アルファ碁において勝率予測値を計算するバリューネットワーク。**図2.17**のポリシーネットワークの構造と比較すると、入力が1チャネル増えた点と、出力が勝率1個である点が異なる。第1〜13層の構造はほぼ同じ

このバリューネットワークの学習方法は学習データの作り方とΔwの計算方法（詳細はAppendix 1のA1.1.2項参照）を除けば、SLポリシーネットワークの学習方法とほぼ同じです。学習データの作り方については、強化学習の結果を利用するため、第3章で改めて説明します。

04 ChainerでCNNを学習させてみる

 ここでは実装編として、手書き数字認識とSLポリシーネットワークを例題に、本書第1版執筆時点（2017年6月）の環境で、CNNの設計と学習がどの程度簡単にプログラムできるかを解説します。

2.4.1 MNISTのニューラルネットワークによる学習部を書く

リスト2.1 に、手書き数字認識（MNIST）のニューラルネットワークによる学習を例として、Python上でChainer（MEMO参照）と呼ばれるディープラーニング用フレームワーク（MEMO参照）を使った場合のコードを示します。

> **MEMO｜Chainer**
>
> Chainerは日本発のベンチャー企業であるプリファード・ネットワークスにより開発されたディープラーニングフレームワークです。日本の会社が作ったオープンソースプログラムであり、日本語のエントリも多いため、日本人には勉強しやすいでしょう。
>
> **Chainer**
> URL http://chainer.org/

> **MEMO｜ディープラーニング用フレームワーク**
>
> ディープラーニングの研究開発を支援するフレームワークのことです。ディープラーニングの隆盛の中で、2014年ごろからCaffe、Chainer、TensorFlow、Torchなど様々なフレームワークが登場してきました。
> 　最近のフレームワークは、勾配計算が自動化されていたり、GPUやCUDAに対応しているものが多く、ニューラルネットワークの構造を柔軟に定義したり、試行錯誤のサイクルを高速に回すのに適しています。

ここでの入力は2.2節で示したように、28×28の画像に相当する28×28（=784）個のノードであり、出力は「0」から「9」のラベルの各出力確率に相当する10個のノードです。

リスト2.1 ChainerによるMNISTのCNNを学習するコード

```
import chainer
import chainer.functions as F
import chainer.links as L
from chainer import training

# Network definition
class CNN(chainer.Chain):
    def __init__(self, train=True):
        super(CNN, self).__init__(
            l1 = L.Linear(28*28, 100),  # n_in -> n_units
            l2 = L.Linear(100, 10),  # n_units -> n_units
    def __call__(self, x):
        h = F.sigmoid(self.l1(x))
        h = self.l2(h)
        return h

# Load the MNIST dataset
train, test = chainer.datasets.get_mnist(ndim=3)

# Set up a neural network model and Set up a trainer
model = L.Classifier(CNN())
optimizer = chainer.optimizers.Adam()
optimizer.setup(model)
train_iter = chainer.iterators.SerialIterator(train, batch_
size=100)
updater = training.StandardUpdater(train_iter, optimizer)
trainer = training.Trainer(updater, (5, 'epoch'),
out='result')

# Run the training
trainer.run()
```

①

②

③

④

リスト2.1 は、中間層が100ノードである3層の全結合ニューラルネットワーク（図2.6）を用いる場合の例です。

このコードでは、まずいくつかのライブラリをimport（インポート）した後、リスト2.1 ①Network definition以下の部分で、ネットワーク構造を定義しています。このうち__init__部分で各層（中間層：l1、出力層：l2）の構造（サイズと形状）を定義して、__call__部分で接続関係を定義しています。まず、__init__部では、l1、l2の2層の構造を定義しています。Chainerでは、全結合層を表す

ディープラーニング 〜囲碁AIは瞬時にひらめく〜

L.Linear関数を利用することで、最小限の記述で定義できます。

__call__部では、__init__部で定義したl1、l2を利用して、入力xから出力hまでをつないでいます。

第1層は全結合層l1の後、シグモイド関数を通し出力hを得ます。

第2層では、第1層の出力hを全結合層l2に通し、その出力を再びhとしています。なおPython（MEMO参照）のClassifier（分類）クラスでは、確率値への変換にはソフトマックス関数を、誤差関数としてはクロスエントロピー関数（MEMO参照）を用いていますが、これはClassifierクラスの基本演算となっており、明示的に書く必要がありません。敢えて別のものを使いたい場合は、L.Classifierの引数として与えればよいでしょう。

> **MEMO｜Python**
>
> プログラミング言語の1つです。コードがシンプルで扱いやすく設計され、C言語などと比べると少ない行数で書けます。現在利用可能なディープラーニング用フレームワークの多くは、Pythonに対応していることが多いため、ディープラーニングのプログラムにはPythonが使われることが多いです。

> **MEMO｜クロスエントロピー関数**
>
> ニューラルネットワークなどのモデルを使った分類問題の学習において、損失関数としてよく使われる関数です。

次に、リスト2.1 ②のLoad the MNIST dataset以下の部分では、MNISTデータを読み込み、リスト2.3 ③のSet up a neural network modelとSet up a trainer以下の部分では、学習モデルを準備しています。このあたりは、おまじないと考えて、さほど気にすることはなく、最後にリスト2.1 ④のtrainer.runを呼び出して学習を開始します。

Chainerフレームワークの優れたところは、前向き計算のルールを__call__部分に書き、後はリスト2.1 ④のtrainer.runとするだけで、前向き計算も誤差逆伝搬法（後ろ向き計算）も自動的に実行してくれることです。この省略を実現するために、自動微分（MEMO参照）と言われるテクニックを用いています。

またChainerのフレームワークでは、別のネットワーク構造を試したい時は、ネットワーク定義部を書き直すだけでよいので、試行錯誤するには大変便利です。

> **MEMO 自動微分**
> ニューラルネットワークの前向き計算を計算グラフと呼ばれるグラフで表し、そのグラフを逆向きにたどることで、パラメータの勾配を自動的に計算する方法です。

以上のように、MNISTデータセットによる手書き数字認識の学習部は、わずか30行足らずのコードで書くことができます。ここで紹介したソースコードに関して、さらに深く理解したい方は、参考サイト（MEMO参照）などを参照してください。

> **MEMO 参考サイト**
> 『Chainerのソースを解析。MNISTサンプルを追ってみる』
> URL http://ailaby.com/chainer_mnist/

2.4.2 SLポリシーネットワークの学習部を書く

実はアルファ碁のSLポリシーネットワークの学習についても、入力データとネットワーク定義部を書き換えれば、手書き数字認識（MNIST）の場合と同様のコードで実現できます。

2.3.4項で説明した通り、入力チャネルは48であり、フィルタ数を192とする場合を考えましょう。この時、ネットワークは リスト2.2 と リスト2.3 のように定義すればよいでしょう。

各層（conv1～conv13）のサイズや形状

各層（conv1～conv13）のサイズや形状は リスト2.2 のように書きます。

アルファ碁で現れるのは、標準的なCNNなので、基本的には最初から順に、入力層の数、出力層の数、フィルタサイズ、パディングサイズを引数として、F. Convolution2Dという関数を利用すればよいでしょう。

conv1～12では畳み込み計算の後、19×19の各位置に共通のバイアスパラメータ値が加算されます。conv13では、引数としてnobias = Trueが明示的に設定されており、ここではバイアスが加算されません。その代わりに、最後のL.Biasという関数を用いることで、19×19の各位置に応じて異なるバイアスパラメータを加算しています。

ここでパディングサイズとは、入力層の外枠を0で埋めるゼロパディングと呼ばれる処理を適用する幅のことです。

例えば19×19の入力に5×5のフィルタを何もせずに適用すると、外枠の2列分だけサイズが小さくなり、出力は両端合わせて4列減って15×15のサイズとなってしまいます。この場合、予めパディングサイズ2として、外枠2列分を0で埋め23×23サイズとした後に、5×5のフィルタを適用することで、出力を19×19とすることができます。

リスト2.2 ChainerによるSLポリシーネットワークの各層のサイズと形状の定義部

```
def __init__(self, train=True):
  super(CNN, self).__init__(
    conv1 = F.Convolution2D(48, 192, 5, pad=2),
    conv2 = F.Convolution2D(192, 192, 3, pad=1),
    conv3 = F.Convolution2D(192, 192, 3, pad=1),
    conv4 = F.Convolution2D(192, 192, 3, pad=1),
    conv5 = F.Convolution2D(192, 192, 3, pad=1),
    conv6 = F.Convolution2D(192, 192, 3, pad=1),
    conv7 = F.Convolution2D(192, 192, 3, pad=1),
    conv8 = F.Convolution2D(192, 192, 3, pad=1),
    conv9 = F.Convolution2D(192, 192, 3, pad=1),
    conv10= F.Convolution2D(192, 192, 3, pad=1),
    conv11= F.Convolution2D(192, 192, 3, pad=1),
    conv12= F.Convolution2D(192, 192, 3, pad=1),
    conv13= F.Convolution2D(192, 1, 1, nobias = True),
    bias14= L.Bias(shape =(361))
```

次に、これらを利用した接続も、**リスト2.3** のように、直列に接続すればよいのです。

リスト2.3 ChainerによるSLポリシーネットワークの接続の定義部

```
def __call__(self, x):
    h = F.relu(self.conv1(x))
    h = F.relu(self.conv2(h))
    h = F.relu(self.conv3(h))
    h = F.relu(self.conv4(h))
    h = F.relu(self.conv5(h))
    h = F.relu(self.conv6(h))
    h = F.relu(self.conv7(h))
    h = F.relu(self.conv8(h))
    h = F.relu(self.conv9(h))
    h = F.relu(self.conv10(h))
    h = F.relu(self.conv11(h))
    h = F.relu(self.conv12(h))
    h = self.conv13(h)
    h = F.reshape(h, (-1,361))
    h = self.bias14(h)
    return h
```

後は、19×19×48チャネルからなる入力と、正解ラベルの組をtrain、test に入れてあげれば、**リスト2.1** に示したMNISTと同じ枠組みでSLポリシーネットワー

クの学習を進めることができます。ほぼ同じプログラムで、画像認識と囲碁の手の学習ができるということは、それ自体大変興味深いです。

　ただし、本書で参照しているアルファ碁論文と同じ性能を得るべく、3000万局面を評価することは、このプログラムそのままでは難しいです。例えば、すべての入力データをメモリ上に乗せるためには、単純計算でもデータサイズ分である、3000万×19×19×48 /8 ＝ 64980MB ＝ 65GB程度のメモリ領域が必要です。Chainerの場合、さらにその数倍の領域が必要となります。したがって、一般的なコンピュータに搭載されるメモリサイズを超えてしまい、このまま実行することは困難です。

　また「計算量が膨大になる」という問題もあり、実際に3000万局面の学習を行うには、メモリの使い方の工夫や、多数のGPUによる並列化（MEMO参照）など、実装上の細かい工夫が必要です。

> **MEMO** | **GPUによる並列化**
>
> 　本書で参照しているアルファ碁論文では、SLポリシーネットワークの学習時には、50GPUを並列動作させて、実行させています。Chainerでも、プログラムを少し工夫すると並列動作を記述することができますが、本書では省略します。

05 まとめ

 本節では、本章の内容をまとめます。

　本章では、最初に画像認識の1タスクである、手書き数字認識を題材に畳み込みニューラルネットワーク（CNN）の概略について述べました。その後、手書き数字認識との共通点を明らかにしつつ、アルファ碁のSLポリシーネットワークおよびバリューネットワークの詳細について述べました。

　SLポリシーネットワークは人間のよい手に関する直観を、バリューネットワークは形勢判断に関する直観を表しています。

　まとめると、アルファ碁がCNNの学習に成功した要因としては、次の3点が大きいです。

- 近年の、CNN関連の技術（ReLU関数、GPU、CUDA環境）の進歩
- 強いプレイヤによるインターネット対局が盛んになったことで、大量で高品質な学習データを確保できたこと
- 膨大な計算時間を要するニューラルネットワークの学習に対し、GPUを大量に使える計算機環境を有していたこと

　アルファ碁のSLポリシーネットワークによる「次の一手」タスクは、人間の強いプレイヤとの一致率が57％程度となり、ポリシーネットワーク単独でも三段程度の実力に到達しました。

Chapter 3

強化学習
～囲碁AIは経験に学ぶ～

アルファ碁は経験に学び、さらに強くなります。AIが成功体験を元に行動を改善していく手法は、強化学習と呼ばれます。

最初に強化学習の基本的な枠組みを説明するため、多腕バンディット問題と迷路の事例を紹介します。特に迷路の事例では、Q学習と方策勾配法と呼ばれ、最近よく使われる2つの強化学習手法について解説します。またテレビゲームにおいて、ゼロからプレイを繰り返すことで人間のエキスパート並のスキルを獲得できたDQNと呼ばれる手法を紹介します。

最後に、前章で説明したSLポリシーネットワーク同士を自己対戦させて、より強いポリシーネットワークを獲得する、アルファ碁の強化学習手法について解説します。

本章で説明する技術トピックと、全体の中の位置づけ

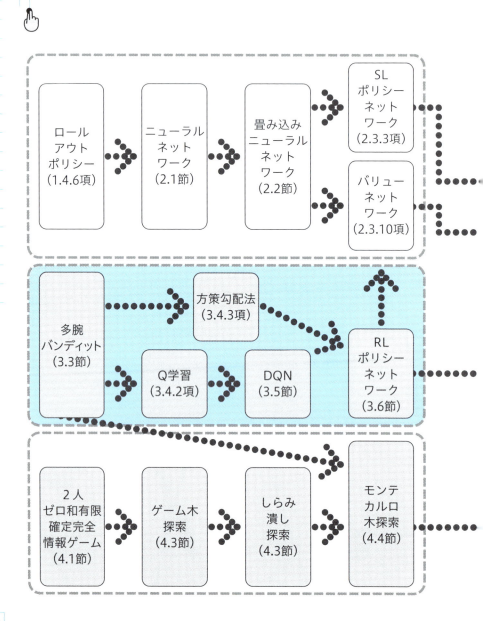

第3章では、第2章で作成したSLポリシーネットワークからRLポリシーネットワークを作る強化学習手法（3.6節）を理解することを目標とします。そのため強化学習の基本的なモデルである、多腕バンデット（3.3章）から説明をはじめ、Q学習（3.4.2項）、方策勾配法（3.4.3項）の順に説明していきます。DQN（3.5節）は、アルファ碁とは直接関係ないですが、ゲームに関するホットトピックの1つなので触れておきます。

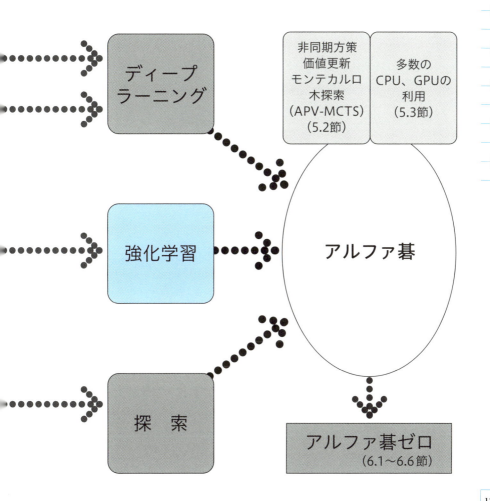

01 強化学習とは

ここでは、強化学習の枠組みについて簡単に説明します。

3.1.1　いかにして経験から学ぶか

アルファ碁の2番目のポイントは、「いかにして経験から学ぶか」です（図3.1）。

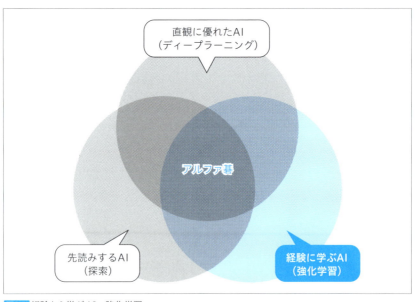

図3.1 経験から学ぶAI・強化学習

　通常、人間のプレイヤであれば、勝てばうれしいし、負ければ悔しいものです。強くなるプレイヤは、負けた対局から敗因を探し、次なる対局に備えます。負けから学ぶことで、人間はさらに強くなります。ここではAIが経験から学ぶ手法として、強化学習という手法を紹介します。

　「教師付き学習」の場合は正解がわかっていることが前提でした。しかしゲームの場合、どの手が「正解」なのかはわからないことが多いです。簡単にわからないか

らこそ、ゲームは面白いのです。

一方でゲームの場合、一手ごとの「正解」はわかりませんが、最終的には勝ち負けという明確な結果が得られるという特徴があります。強化学習は、このような直接的な評価が難しい状況において、よりよい行動原理を獲得する学習の枠組みです。

図3.2のように、強化学習では行動の主体を**エージェント**（MEMO参照）と呼び、エージェントがいる世界を環境と呼びます。エージェントは環境すべての情報を知ることはできず、現在の状態だけを観測できます。また、エージェントがある行動をとると、環境から**報酬**（MEMO参照）を与えられます。

> **MEMO｜エージェント**
> 強化学習において、行動する主体を指します。

> **MEMO｜報酬**
> 強化学習において、エージェントの行動の結果として、即時に得られる利益のことです。

このような状況下で、エージェントは、環境からの報酬によりもたらされる**価値**（MEMO参照）を最大化するように、自らの行動を生み出す方策を最適化します。つまり、強化学習とは、直接正解は与えられないのですが、選んだ答えの「よさ」（報酬）を元に、**方策**（P.137のMEMO参照）を改善していくような枠組みです。

このように強化学習では、将来を見据えた長期的な報酬を考慮した最適化を行い、長い目で見たよい方策を学習できる特徴があります。

> **MEMO｜価値**
> 強化学習において、価値とは、将来にわたって得られる報酬の合計のことを表します。強化学習では、即時の報酬の最大化ではなく、「価値」の最大化を目指すため、近視眼的な方策ではなく、長期的視野に立った方策を学習することができます。例えば囲碁の強化学習において勝ち負けを報酬とすると、石を取る手といった直接的な手ではなく、最終的に勝ちにつながる手を学習することが期待できます。

強化学習とは、
正解は与えられないが選んだ答えの「よさ」（報酬）を元に、行動原理（方策）を改善する学習手法

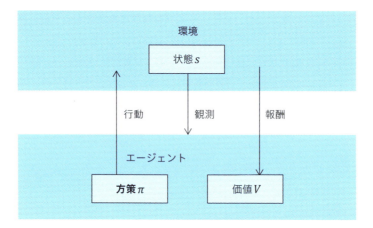

- 例1：幼児は、失敗を繰り返しながら、自らの力で成長する
- 例2：チンパンジーのアイ（京都大学霊長類研究所）は、正解時に報酬を与えるタスクの繰り返しにより、最終的に『2枚の画像から、新鮮なほうのキャベツの葉の画像を選択』できるようになる*)

正解 → 餌をもらえる

誤り → ブザーがなるだけ

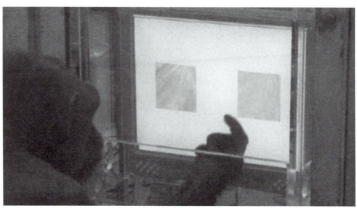

出典：「Chimpanzees can visually perceive differences in the freshness of foods」より引用
URL http://langint.pri.kyoto-u.ac.jp/ai/ja/publication/TomokoImura/ImuraT2016-srep.html
記事引用元 Imura, T. et al. (2016). Chimpanzees can visually perceive differences in the freshness of foods. Sci. Rep. 6, 34685; doi: 10.1038/srep34685

図3.2 強化学習とは

> **MEMO｜方策**
>
> 強化学習において、行動を決定する原理のことです。
>
> 大きく分けて、Q学習のように価値関数を通して行動を決定する価値ベースの手法と、方策勾配法のように方策そのものを関数（方策関数）で表現し、行動を決定する方策ベースの手法の2通りがあります。

人間の成長にたとえれば、幼児が、生まれた環境の中で、成功と失敗を繰り返しながら、次第に成長していくようなものと、たとえられるかもしれません。様々なスキルに関して、人間の上達のプロセスは概ねこの枠組みで捉えられると言っても過言ではないでしょう。

また別の例として、チンパンジーに新しいタスクを学習させる実験のフレームワークを想像してもよいかもしれません。この例は、キャベツの鮮度を識別するというタスクですが、チンパンジーは2つ出た画像のうち、新鮮なほうの画像を選ぶことに成功すれば、ご褒美（報酬）として餌をもらえます。一方、失敗した場合はブザーがなるだけです。

このような環境下で、チンパンジーは餌をもらえるよう、一生懸命努力します。観測できる情報は2枚の画像であり、それ以外にわかることは、その時取った行動と、結果として報酬をもらえたか、という情報だけです。

それにもかかわらず、チンパンジーは努力の結果として、最終的にこのタスクを習得できたと報告されています。これはまさに強化学習の枠組みです。

02 強化学習の歴史

ここでは、強化学習の歴史と最近の技術の進展について簡単に説明します。

3.2.1 強化学習

強化学習は、心理学や最適制御の研究を起源としています。

「強化」という用語は、心理学における、「条件づけの学習の際の刺激と反応を結びつける手段」という用語に由来します。

また「最適制御」問題とは、ロボットアームの制御などの問題において、制御目的にできるだけ近づけるような制御則を求める問題のことを指します。1950年代のリチャード・E・ベルマン（MEMO参照）による動的計画法（MEMO参照）の研究が、強化学習の起源の1つとなっています。

「最適制御」の枠組みは、環境についてほぼ完全な知識がある状況での方策を最適化する手法であるのに対して、強化学習は環境についての知識が不十分な場合を考えます。

強化学習に関しては、これまで、Q学習（MEMO参照）などの価値関数を更新する手法、方策勾配法（MEMO参照）などの方策関数を更新する手法などが開発されてきました。ただし最近まで、強化学習の顕著な成功事例はそれほど多くは知られていませんでした。

> **MEMO｜リチャード・E・ベルマン（1920～1984）**
>
> 米国の応用数学者。制御理論や強化学習の基礎となる動的計画法の考案で知られています。1976年にはジョン・フォン・ノイマン理論賞を受賞しています。機械学習の分野などでよく現れる（高次元では問題が難しくなることを意味する）「次元の呪い」という言葉を作ったことでも有名です。

MEMO | 動的計画法

動的計画法は最適化手法の1つで、問題を複数の部分問題に分割し、部分問題の計算結果を利用しながら解いていく手法を指します。制御理論や強化学習の基礎となる概念で、経済学への応用も知られています。動的計画法という言葉やアイデアの原型は、1940年代からありましたが、リチャード・E・ベルマンにより1953年にまとめられた論文が起源とされています。

MEMO | Q学習

Q学習は、行動価値関数を行動するごとに更新することにより学習を進める手法です。収束が早く、手軽に実装できることから、深層強化学習以前の従来型の強化学習手法としては、最もよく使われる手法の1つとなっています。Q学習については3.4節で改めて説明します。

なお価値関数を行動するごとに更新する学習手法としては、他にも、行動価値関数の更新法がQ学習とは少し異なるSarsa法や、行動価値関数の代わりに状態価値関数を更新する手法も知られています。これらの手法の詳細な解説は、次の書籍に譲ります。

『これからの強化学習』

(牧野 貴樹、澁谷 長史、白川 真一 著・編集、浅田 稔、麻生 英樹、荒井 幸代、飯間 等、伊藤 真、大倉 和博、黒江 康明、杉本 徳和、坪井 祐太、銅谷 賢治、前田 新一、松井 藤五郎、南 泰浩、宮崎 和光、目黒 豊美、森村 哲郎、森本 淳、保田 俊行、吉本 潤一郎 著、森北出版、2016年)

『強化学習』

(Richard S.Sutton、Andrew G Barto 著、三上 貞芳、皆川 雅章 共訳、森北出版、2000年)

MEMO | 方策勾配法

方策勾配法は、強化学習における、方策ベースの学習手法の1つです。Q学習のように行動価値関数を使うのではなく、方策そのものを確率的な関数（方策関数）として表現し、行動を確率的に決定します。この方策関数を更新することにより学習を進めます。アルファ碁のポリシーネットワークの強化学習に使われるのも、この方策勾配法です。方策勾配法については、3.4節で改めて説明します。

TD-Gammon

ゲームAIの世界では、1992年のジェラルド・テサウロ（Gerald Tesauro）によるTD-Gammonが有名です。TD-Gammonは、バックギャモンと呼ばれるサイコロを使うゲームのAIです。各状態の学習に強化学習を用いることで、世界チャン

ピオンレベルのプレイを達成しました。

　なお余談ですが、ジェラルド・テサウロはIBMの研究者であり、2011年に人間のチャンピオンに勝利した、IBMが開発したAIである『ワトソン』（MEMO参照）の開発者の一人でした。あまり知られていませんが、実はクイズの正答率では、ワトソンもクイズチャンピオンも同程度と言われています。勝負は、ジェラルド・テサウロらが担当した、どのタイミングでどのクイズを選ぶか、といった戦略部分の寄与が大きかったとも言われています。

> ### MEMO｜ワトソン
>
> 　ワトソンはIBMが開発した質問応答システムです。米国の人気クイズ番組『ジョパディ!』において、2011年に人間のチャンピオン2人を相手に勝利して話題となりました。クイズで勝利するためには、自然言語の質問を理解し、適切な回答を即座に選択する必要があります。『ジョパディ!』の場合は、さらに質問に含まれる微妙な意味、風刺や謎掛けなどの複雑な要素の分析が必要でした。ワトソンは、様々な知識を獲得するために、100万冊の書籍に相当するデータを読み込んだと言われています。

　ニューラルネットワーク同様、最近は冬の時代が続いていましたが、近年、関数近似法（MEMO参照）とQ学習を組合せる手法や、計算速度の進展により大規模な状態を持つ場合の強化学習を可能とする素地が整いつつありました。

> ### MEMO｜関数近似法
>
> 　強化学習の文脈では、関数近似法とは、価値関数や方策関数を関数近似する手法のことを言います。状態の総数が膨大で、すべてをメモリ上に記憶しきれない場合などに使われます。最近は、関数としてCNNを用いる近似手法もよく使われます。3.5節で説明するDQNでは行動価値関数をニューラルネットワークで近似しています。またアルファ碁のSLポリシーネットワークの強化学習では、方策関数をニューラルネットワークで近似しています。

　この流れの中で、2015年にDQN（Deep Q learning Network）（MEMO参照）と呼ばれる強化学習手法により、ATARI 2600ゲーム（MEMO参照）の人間を超えるスキルを自動学習する論文が発表されました。これもまたグーグル・ディープマインドによる研究成果です。このDQNに関しては、3.5節で後述します。

MEMO | DQN（Deep Q learning Network）

DQNは、グーグル・ディープマインドが開発した強化学習の手法の1つで、ゲームの画面自体を入力とするCNNモデルを、行動価値関数として利用する手法です。詳しくは3.5節で改めて説明します。なおDQNの成果は、次のNatureの論文にまとめられています。

『Human-level control through deep reinforcement learning』
（Volodymyr Mnih、Koray Kavukcuoglu、David Silver、Andrei A. Rusu、Joel Veness、Marc G. Bellemare、Alex Graves、Martin Riedmiller、Andreas K. Fidjeland、Georg Ostrovski、Stig Petersen、Charles Beattie、Amir Sadik、Ioannis Antonoglou、Helen King、Dharshan Kumaran、Daan Wierstra、Shane Legg & Demis Hassabis、nature、2015）
URL https://www.nature.com/nature/journal/v518/n7540/full/nature14236.html#figures

MEMO | ATARI 2600ゲーム

1970年代に登場した、米国アタリが開発した家庭用ゲーム機のことです。

最近ではディープラーニングと強化学習を組合せた**深層強化学習**（MEMO参照）の研究が流行しており、日本発のベンチャー企業「**プリファード・ネットワークス**」（MEMO参照）による互いにぶつからない複数の車の自律運転方策の学習や、グーグルによるデータセンター設備の稼働状態や気候などに応じて、冷却設備の設定を最適化するエアコン方策の学習など、実世界に役立つ研究成果も増えてきました。

MEMO | 深層強化学習

DQNに端を発した、強化学習にディープラーニング（深層学習）モデルを使う研究のことです。ディープラーニング同様、日々複雑なネットワークを利用した強化学習手法が生み出されており、現在進行形の研究分野となっています。

MEMO | プリファード・ネットワークス

機械学習・深層学習の技術を産業用ロボット、自動車、ヘルスケアなどの分野に応用する研究開発を行っている日本発のベンチャー企業です。本書で紹介したディープラーニング用フレームワーク「Chainer」の開発元でもあります。

03 多腕バンディット問題

 3.3節から3.5節までは、少し回り道になりますが、簡単な事例からはじめて、強化学習の理解を深めていきます。最初に、多腕バンディット問題とその解法を考えます。

3.3.1 強化学習の事例

強化学習の最初の事例として、多腕バンディット問題（図3.3）を考えてみましょう。多腕バンディットとは、スロットマシンの別称です。ここでは、複数ある腕から1つを選ぶことを考え、選んだ腕から「コイン」が出れば成功とします。ただし、各腕から「コイン」が出るか出ないかは確率的に決まっており、その真の確率は未知であるとします。多腕バンディット問題の目的は、毎回いずれかの腕を選び、得られるコインの枚数を最大化することとします。

この時、エージェントは腕を選ぶゲームAIであり、行動はどの腕を選ぶかということになります。環境は、各腕からコインが出る確率（真の成功率）にしたがい、選ばれた腕の成功/失敗を決定します。ここでは、真の成功率はいつでも同じなので、状態は1個とみなせます。よって状態を観測する必要はありません。報酬は成功の場合+1、失敗の場合0と考えます。

最初は、コインが出る確率に関する情報がまったくないため、ゲームAIはランダムに腕を選ぶしかありません。少し試行を重ねると、だんだんと腕の成功率に関する情報がたまっていきます。そこでできるだけ早く最良の腕を見つけて、そこにコインを集中投入するというような方針を採ります。

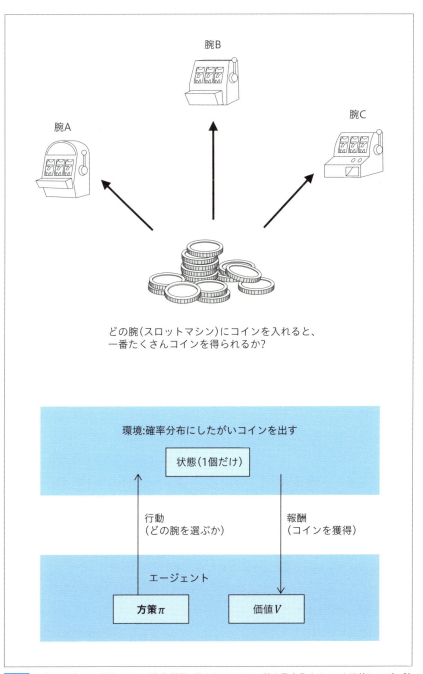

図3.3 多腕バンディット問題における強化学習：得られるコインの数を最大化することを目的に、どの腕を選ぶかの方策を学習する

試行回数が大きくなれば、これまでの成功率が最も高い腕を選べばよいのですが、試行回数が少ないうちは、偶然が悪さをする可能性があります。したがって、原則それまでの成功率が高い腕を選べばよいのですが、たまにはリスクを冒して、成功率が低く見える腕も選ぶ必要があります。これは、強化学習の世界では、探査と利用のトレードオフ（exploration-exploitation tradeoff）（MEMO参照）と呼びます。

MEMO　探査と利用のトレードオフ（exploration-exploitation tradeoff）

強化学習においては、事前に環境に関する知識がないので、これまで経験のない行動の試行である「探査」と、これまでの経験に基づく試行である「利用」とをバランスよく実行する必要があります。

ただし本文で述べた通り、「探査」に偏り過ぎても「利用」に偏り過ぎても、学習の効率が落ちることが知られており、このことは探査と利用の「トレードオフ」と呼ばれています。

ここで言う「利用（exploitation）」とは、これまでで最も成功率が高かった腕を選ぶことです。「探査（exploration）」とは得られるコイン（報酬）が減るリスクを冒して別の腕を選ぶことです。「探査」ばかりに偏るのは明らかによくありませんが、「利用」ばかりに偏るのも実はよくありません。

例えば図3.4（a）のように、コインが出る確率（真の成功率）が80％である腕Aと、真の成功率が50％である腕Bとの2本の腕がある場合を考えてみます。

ここで、1回目の試行で、たまたま腕Aで失敗し、2回目には腕Bで成功したとしましょう。すると3回目試行時は、腕Aのこれまでの成功率は（0/1）の0％である一方、腕Bの成功率は（1/1）の100％です。

「利用」しか考えない場合、腕Bの成功率が腕Aの成功率より高いため、次は腕Bを選ぶことになります。この後腕Bがいくら失敗しても成功率が0％にはならず、常に腕Bの成功率が腕Aよりも高くなるため、腕Bが選ばれ続けることになります。

結果として、本来はコインが出る確率（真の成功率）の高い腕Aを選びたいにもかかわらず、期待に反して腕Bを選ぶような方策が学習されてしまいます。これは極端な例ですが、「探査」と「利用」のバランスをうまくとる必要性を表しています。

腕A: 真の成功率80%　　　腕B: 真の成功率50%

(a) 成功確率の高い腕を選ぶ方策の場合:

試行回数	選択	成功/失敗	腕A選択の結果 成功回数/試行回数	成功確率	腕B選択の結果 成功回数/試行回数	成功確率	次回選択
1回目	腕A	×	0/1	0%	0/0	−	→B
2回目	腕B	○	〃	0%	1/1	100%	→B
3回目	腕B	×	〃	0%	1/2	50%	→B
4回目	腕B	○	〃	0%	2/3	67%	→B
5回目	腕B	×	〃	0%	2/4	50%	→B
6回目	腕B	○	〃	0%	3/5	60%	→B
7回目	腕B	×	〃	0%	3/6	50%	→B
8回目	腕B	○	〃	0%	4/7	57%	→B
9回目	腕B	×	〃	0%	4/8	50%	→B
10回目	腕B	○					

→最初の腕Aの失敗をひきずり、誤って腕Bを選択し続ける

(b) UCB1が大きい腕を選ぶ方策の場合

試行回数	選択	成功/失敗	腕A選択の結果 成功回数/試行回数	成功確率	ucb1	腕B選択の結果 成功回数/試行回数	成功確率	ucb1	次回選択
1回目	腕A	×	0/1	0%	0.00	0/0	−	1.41	→B
2回目	腕B	○	〃	0%	0.78	1/1	100%	1.78	→B
3回目	腕B	×	〃	0%	0.98	1/2	50%	1.09	→B
4回目	腕B	○	〃	0%	1.10	2/3	67%	1.17	→B
5回目	腕B	×	〃	0%	1.18	2/4	50%	0.94	→A
6回目	腕A	○	1/2	50%	1.48	〃	50%	1.09	→A
7回目	腕A	○	2/3	67%	1.52	〃	50%	1.20	→A
8回目	腕A	×	2/4	50%	1.28	〃	50%	1.28	→A
9回目	腕A	○	3/5	60%	1.31	〃	50%	1.34	→A
10回目	腕A	○							

→最初の腕Aで失敗しても、後で正しく腕Aを選択

図3.4 多腕バンディット問題に対して、(a) 成功確率の大きい腕を選び続ける単純な方策の場合と、(b) UCB1が大きい腕を選ぶUCB方策の場合の試行結果。いずれの表も、左側に各回の選択とその結果、右側に腕A・Bそれぞれに対する、途中回までの通算成績を示す。(a) では、成功確率のみを次回選択の指針とするため、1回目にたまたま腕Aで失敗した後は、腕Bを選び続ける。一方 (b) では、成功率にバイアスを加えたUCB1を次回選択の指針とするため、6回目以降は腕Aを正しく選択するようになる

3.3.2 UCB1アルゴリズム

多腕バンディット問題に対し、「探査」と「利用」のバランスを取る手法として、UCB1（Upper Confidence Bound 1）アルゴリズムが知られています。この手法では、各試行において、「成功率 + バイアス」を最大化する腕を選択します。

ここで言う成功率とは「この腕の成功回数／この腕の試行回数」であり、バイアスとは「偶然による成功率のバラつきの大きさ」を表します（図3.5）。つまりバイアスの値は、腕の試行回数が小さいうちは大きくなります。この「成功率＋バイアス」は、UCB1値と呼ばれ、「成功率＋バイアス」を最大化する方策をUCB方策と呼びます。

このUCB方策を使う場合、図3.4（b）の例のように、たまたま最初に腕Aが失敗した場合でも、いつかは誤りに気付き腕Aに戻ってきます。具体的には、1回目に腕Aで失敗した結果、成功率は0%となってしまいますが、2回目以降腕Bを続けて選択するうちに腕Aのバイアスが大きくなり、結果として腕AのUCB1も次第に大きくなります。この間に腕Bが、実力通り、何度か失敗することで、6回目からは、腕AのUCB1値が腕BのUCB1値を上回り、再び腕Aが実行されるようになります。

ここで、最初から各腕の「真の成功率」がわかっている場合の選択（「神の選択」と言う）を考えてみましょう。この場合は、最初から最も「真の成功率」の高い腕を選び続ければよいことになります。

ある方策を考える場合に、「神の選択」との報酬の差分のことを「リグレット」（MEMO参照）と呼びます。エージェントは、最初はコインが出る確率（真の成功率）を知らず、探査を行わないといけないので、リグレットを0にすることはできません。

MEMO｜リグレット

環境に関するすべての知識を最初から持つ神様であれば実現できる、最適な方策により得られる報酬の合計と、今回着目する方策による報酬の合計の差分のことです。なお、リグレットとは、直訳すると、「後悔」を意味します。

ただし、ある程度試行を重ねれば、これまでの結果を利用して、成功率の高い腕に集中投入すればよくなるので、次第にリグレットは小さくなっていきます。つまりリグレットは、「探査」と「利用」をうまくバランスさせるための指標となっています。

実は、UCB1アルゴリズムは、このリグレットを最小化できることが知られています。つまり、「探査」と「利用」のバランスをうまく調整できます。第5章で説明するモンテカルロ木探索も、実はこのUCB1アルゴリズムの拡張となっています（図3.5）。

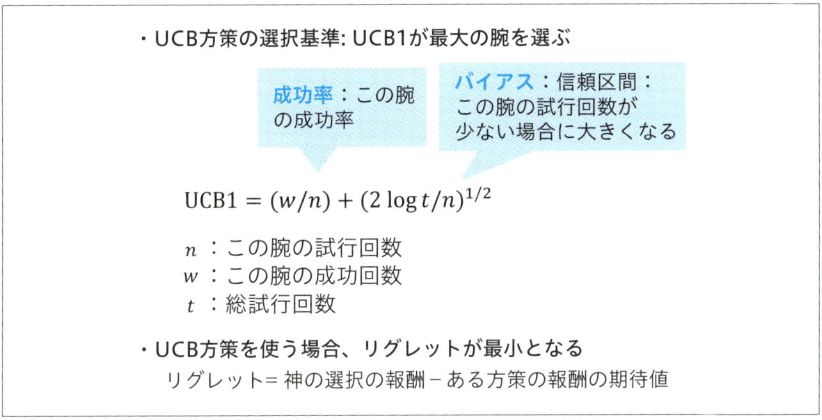

・UCB方策の選択基準: UCB1が最大の腕を選ぶ

成功率：この腕の成功率

バイアス：信頼区間：この腕の試行回数が少ない場合に大きくなる

$$UCB1 = (w/n) + (2 \log t/n)^{1/2}$$

n ：この腕の試行回数
w ：この腕の成功回数
t ：総試行回数

・UCB方策を使う場合、リグレットが最小となる
　リグレット= 神の選択の報酬 − ある方策の報酬の期待値

図3.5 UCB方策の選択基準:UCB1

多腕バンディット問題

04 迷路を解くための強化学習

 ここでは、多腕バンディット問題よりも少し複雑な、迷路の問題設定における強化学習を見てみましょう。

3.4.1　4×4マスからなる迷路で考える

　もう少し複雑な設定として、迷路を解くための強化学習を考えます。図3.6のような4×4マスからなる迷路を考えましょう。目的はもちろんスタートからゴールに早く至ることです。ここでは、観測できる状態は自分のいるマスの位置だけだとします。

　図3.6（a）の迷路を俯瞰すると、全体における自分の位置がわかるような錯覚に陥りますが、自分が迷路、あるいは豪邸の中に迷い込んでいることを想像してみてください。ある部屋の扉を開けると、別の部屋があり、そこにはまた2つの扉がある、といった中で、出口がどこにあるかを手探りで探しているという状況です。

「迷路を解く」タスク

　「迷路を解く」というタスクは、迷路が何かをわかってしまえば、壁伝いに歩くとか、一度失敗した経路は二度と通らない、とか賢い指針を開発者が教えてあげることで、容易なタスクとなります。

　しかし強化学習では、AI自身が「迷路とは何か」はもちろん「今行っているタスクが迷路であること」すらわからない状況からはじめて、迷路のゴールに至る方策を自ら発見する必要があります。

　AI自身が失敗を繰り返しながら何回もゲームをクリアする中で、成功経験と失敗経験を活かして最良の方策を生み出していく、というところがポイントです。

　今度は、4×4＝16個のマスがあるため、状態は16個です。それぞれのマスで、上下左右のどちらにいくかが方策となります。なお、マス1で右にいくとマス2に移る、といったように行動により状態（現在いるマス）が変化します。

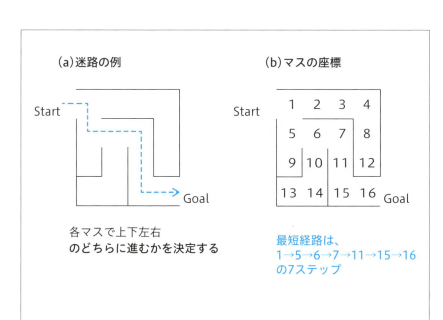

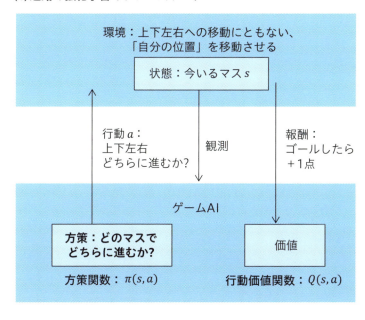

図3.6 迷路の強化学習：できるだけ早くゴールすることを目的に、どのマスでどちらに進むかの方策を学習する

強化学習では、目的を達成する一連のプロセス、つまりスタートからゴールまでを「エピソード」と呼びます。このエピソードを繰り返し、最適な方策を得ることを目指します。

　なお迷路の場合、報酬が得られるのは、最後にゴールした時だけです。そのため、ゴールからスタートに向けて価値を伝搬することで、ゴールに近づく方策を発見する方針を採ります。この例では、ゴールでしか報酬を得られないため、報酬を得られるまでの期間をできるだけ短くなるように、ということで間接的に最短経路の学習を目指すことになります。

強化学習　〜囲碁AIは経験に学ぶ〜

3.4.2　価値ベースの手法：Q学習により迷路を解く

　この方策を得るためには、価値ベースの手法と、方策ベースの手法の2つがあります。

　まず価値ベースの手法では、各マスと行動のすべての組に対して、価値を付け、これを行動ごとに更新します。図3.6 (a) の迷路では、16の各マスで「上」「下」「左」「右」の最大4つの行動選択肢があるため、**行動価値関数**（MEMO参照）は16×4のテーブルで表せます（P.154の図3.8 (c)）。この価値関数を得る手法としては、Q学習（Q learning）が知られています。Q学習は、ある行動を採るたびに、次にいくべきマスの価値と今いるマスの価値の差分を計算します。そしてその差分だけ、今いるマスの価値を増やすような手法です。

> **MEMO｜行動価値関数**
>
> 強化学習において、価値とは、将来にわたって得られる報酬の合計のことを表します。この価値を表す関数としては、状態価値関数と行動価値関数の2種類があります。ある状態の価値に注目する場合は状態価値関数を、状態と行動を組合せた価値に注目する場合は行動価値関数を用います。

　イメージとしては、最初はゴール地点にだけコインが積まれているとします。これに対し、AからBへ動く行動を採る場合に、もし次の行先Bにコインが積んであったら、コインを少しもらってきて、今いるAにも積んでおく、ということをひたすら繰り返す要領です。ゴールにあるコイン（報酬）を少しずつ分散していくことで、いつかスタート地点までコインの経路をつなげる、という方針です。

　Q学習では、基本は価値最大となる行動（「利用」の行動）を採りますが、いつも価値最大の行動ばかりだと、袋小路に迷い込んで、出られなくなる場合があります。そこで、ほとんどの場合は価値最大の「利用」の行動を採りますが、小さい確率 ε（イプシロン）でランダムな行動（「探査」の行動）を採る、という方策を採ることが多いです。これは ε（イプシロン）-グリーディ法（P.153のMEMO参照）と言われます（図3.7）。結果として、無駄な経路を「探査」してしまうこともありますが、最終的にはそこから抜け出すような行動も学習できます。

- Q学習
    - 1行動ごとに、行動価値関数 $Q(s,a)$ を更新
    $$Q(s,a) \leftarrow Q(s,a) + \alpha \cdot \Delta Q$$
    $$\Delta Q = r + \gamma \cdot \max_{a'} Q(s',a') - Q(s,a)$$
    誤差　隣のマスのうち、価値が　現在マスの価値
    　　　最大になるものの価値

    (r：次に得られる報酬, s'：次のマス, γ：割引率)

- 方策：ε-グリーディ法
    - 確率 $1-\varepsilon$ で、価値最大の向き
    - 確率 ε で、ランダム選択

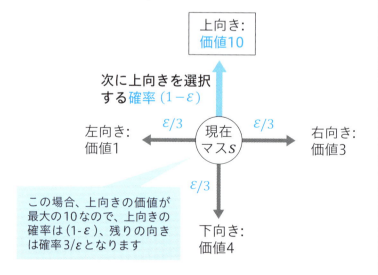

この場合、上向きの価値が最大の10なので、上向きの確率は$(1-\varepsilon)$、残りの向きは確率$3/\varepsilon$となります

図3.7 迷路のQ学習の概要。(a) Q学習では、1回行動するごとに、現在マスの価値を隣のマスの価値に合わせ込むようにパラメータ更新を行う。(b) ε-グリーディ法により、最大価値の向きに$(1-\varepsilon)$の確率で移動するような方策を採る

> **MEMO** | **ε（イプシロン）- グリーディ法**
>
> ε-グリーディ法は、常に一番値が高い行動を採るグリーディ方策に対し、少し確率要素を加えた方策です。具体的には、小さい確率εでランダムな行動を採り、そうでない場合はグリーディ法と同じく、一番評価がよい行動を採ります。

図3.8（a）に、学習の進行に伴う**エピソード経過数**（横軸）（MEMO参照）と、ゴールまでにかかった**ステップ数**（縦軸）（MEMO参照）の関係を図示しました。

> **MEMO** | **エピソード経過数**
>
> スタートからゴールまでのエピソードを、これまで何回繰り返したか、という「回数」を指します。図3.8の例では、最初のエピソードのスタート時は、エピソード経過数0ですが、最後（100回）のエピソードの終了時には、エピソード経過数は100となります。つまりエピソード経過数が増えるに従い、学習が進行していきます。

> **MEMO** | **ステップ数**
>
> 迷路のスタートからゴールまでに要する（あるマスから隣のマスへの）移動回数の合計のことです。図3.6（a）の迷路の例では、最短経路は「1→5→6→7→11→15→16」なので、最小ステップ数は7となります。

最初はランダムプレイに近い状態なため、ゴールを抜けるのに1000ステップ近くかかる場合もありますが、エピソードを重ねるにつれ、最小回数の7ステップでゴールできるようになっていくことがわかります。

また図3.8（b）では、エピソードの進行に伴う、価値関数の変化を示しました。

Q学習の場合、最初はすべての価値が0という初期値から開始します。また隣接するマスの価値を元に、価値関数を更新するため、最初のエピソードでは、報酬を得られるゴールの直前マスの価値だけが更新されます。それがエピソードの進行に伴い、スタート側に価値が伝搬していく様子がわかります。最終的には、最短経路に相当するマスの価値が高まっています。

図3.8（c）は、学習が進んだ100エピソード経過後の価値関数ですが、この時の価値最大の行動を迷路上に書いたのが図3.8（d）です。この場合、最短経路上のマスではゴールに向かう方策を、それ以外のマスでは袋小路から抜け出す方策を獲得できています。

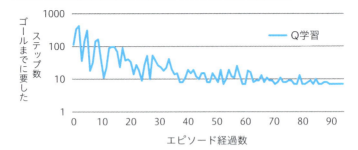

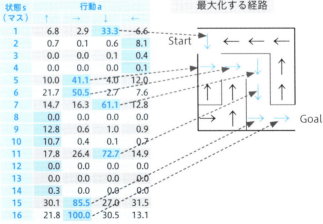

図3.8 迷路のQ学習の結果。(a) 最初はランダム移動であるためゴールまで100ステップ以上要する場合があるが、学習が進むと最短の7ステップでゴールできるようになる。(b) 価値関数の値は、最初はゴール地点にのみ値がつくが、学習が進むとスタートに向かう経路上に大きな値がつくようになる。(c)(d) 各地点で、価値最大の行動をつなぐと、スタートからゴールまでの最短経路となる

3.4.3　方策ベースの手法：方策勾配法により迷路を解く

　方策ベースの手法とは、各マスにおいて、各行動を採る確率を付ける**方策関数**（MEMO参照）を更新していく手法です。

> **MEMO │ 方策関数**
> 　方策ベースの強化学習手法において、ある状態でどの行動を採るかの確率を与える関数のことです。

　方策関数も、価値関数と同様に16×4のテーブルとして表されますが（図3.8(c)）、価値関数との違いは、方策関数は各行動を採る確率だということです。この方策関数を得るためには、方策勾配法（policy gradient methods）が知られています。エピソードごとにパラメータ更新を行う場合の方策勾配法は、1エピソード終わるごとに、そのエピソードで採用した行動の確率を少し高め、それ以外の行動の確率を少し下げる、ということを繰り返す手法です（図3.9）。ゴールした経路に含まれる行動は、「よい行動であることが多い」という経験則に基づく手法です。方策勾配法による学習手法の詳細はAppendix 1のA1.2節で説明します。

　なお方策勾配法では、方策関数自身が行動の確率分布を表すため、ε-グリーディ法のような別の行動決定用の確率分布を考える必要はありません。

- ・方策勾配法
  - ・1エピソードごとに、方策関数のパラメータ $\pi(s,a)$ を更新

    $\pi(s,a) \leftarrow \pi(s,a) + \Delta\pi(s,a)$

    $\Delta\pi(s,a) \sim (定数)\cdot N_1 - (定数)\cdot N_2$

    N_1：状態 s で行動 a を採った回数
    N_2：状態 s で行動 a 以外を採った回数

  - ・方策：
    $\pi(s,a)$ の
    ソフトマックス関数 $p_\pi(a|s)$
    により決定

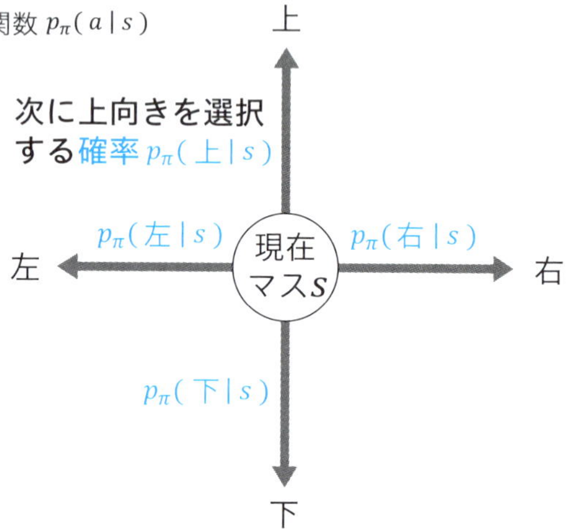

次に上向きを選択
する確率 $p_\pi(上|s)$

$p_\pi(左|s)$　現在マス s　$p_\pi(右|s)$

左　右

$p_\pi(下|s)$

上

下

図3.9 迷路の方策勾配法による学習の概要。（a）方策勾配法では、1エピソードごとに、当該エピソードで現れた行動を次回以降も採りやすくするようにパラメータ更新を行う。（b）方策勾配法では、$\pi(s,a)$ を用いたソフトマックス関数により次に上下左右に移動する確率が定まる

図3.10（a）に、方策勾配法の場合のエピソード経過数に対する、ゴールまでに要するステップ数の関係を図示しました。Q学習と同様に、最終的に最短経路の7ステップに近づいていくことがわかります。

また **図3.10**（b）では、エピソードの進行に伴う方策関数の変化を迷路上にマップしました。方策勾配法の場合、最初は4方向が等しく25％ずつという初期値から開始します。

また、Q学習とは異なり、最初のエピソードからすべてのマスの値が更新されます。次に、**図3.10**（c）は、学習が進んだ100エピソード経過後の方策関数であり、最終的には最短経路に相当する向きの方策関数がほぼ100％まで高まっていることがわかります。

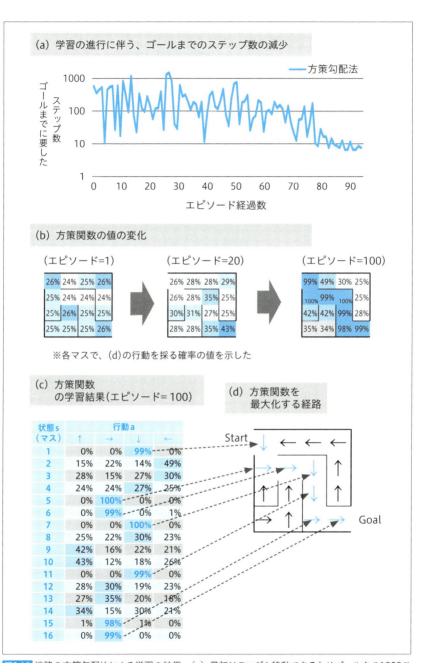

図3.10 迷路の方策勾配法による学習の結果。(a) 最初はランダム移動であるためゴールまで1000ステップ以上要する場合があるが、学習が進むと最短の7ステップでゴールできるようになる。(b) 方策関数の値は、最初はランダムであるため25%ずつだが、学習が進むと最短経路の向きに大きな確率値がつくようになる。(c)(d) 各地点で、方策関数最大の行動をつなぐと、スタートからゴールまでの最短経路となる

05 テレビゲームの操作獲得のための強化学習

ここでは、さらに複雑な設定として、テレビゲームの操作獲得をする強化学習であるDQNについて簡単に説明します。

3.5.1 DQN

話がさらに横道にそれますが、「迷路」よりも困難なタスクの例として最近話題となった、ATARI 2600ゲーム（テレビゲームの一種）のエキスパートレベルの操作スキルをゼロから強化学習したDQN（Deep Q learning Network）（MEMO参照）を紹介しましょう。

MEMO | DQN（Deep Q learning Network）
DQNとそのATARIゲームへの応用については、次の論文に詳細が記載されています。

『Human-level control through deep reinforcement learning』
（Volodymyr Mnih、Koray Kavukcuoglu、David Silver、Andrei A. Rusu、Joel Veness、Marc G. Bellemare、Alex Graves、Martin Riedmiller、Andreas K. Fidjeland、Georg Ostrovski、Stig Petersen、Charles Beattie、Amir Sadik、Ioannis Antonoglou、Helen King、Dharshan Kumaran、Daan Wierstra、Shane Legg、& Demis Hassabis、nature、2015）

テレビゲームの操作も、ゲームごとに、どのような戦略を採ればよいかということを、開発者が予め教えるようなやり方であれば、それほど難しくないタスクであることが多いです。しかし、生の画面の情報と、得点の変化だけを見て、AIがよりよいプレイを自動的に習得するとなると、格段に難しい問題となります。

例えば「ブロック崩しゲームの操作を習得する」というタスクは、どれがボールで、どれがブロックかがわかっていて、ボールをバーではじけばよいことがわかっていれば、後は比較的簡単なタスクです。ただしここでは、画面の情報だけを見て、操作と画面の間接的な関係を見続けるだけで、学習しなければなりません。

まずは左右キーを押していると、それに応じてバーが左右に移動するということを発見する必要があります。しかしボールを見てはいないので、落ちてきたボール

は下に落ちるだけです。ただし、そのうち動いているボールがたまたまバーに当たると、ボールが跳ね返りブロックを崩します。ここに至って、はじめてゲームの得点を得ることができます。

しかし、ボールがバーに当たったことで、ボールが跳ね返り、ブロックを崩し、得点を得たという「複雑な」因果関係を画面の情報だけから学ぶ必要があります。

図3.11 （a）は、このATARIゲームのスキルの自動学習の、強化学習の枠組みを示したものです。ここでは、エージェントは、ゲームAIです。環境から観測できるのは画面です。また行動はコントローラーの操作（十字キーのどちらを押すか、合わせて赤いボタンを押すかなど）です。1つのエピソードは、プレイ開始から終了まで（例えばボールを落とすまで）とします。

また報酬は、ゲームで得られる得点とします。得られるゲームの総得点を最大化するための方策として、どの画面（状態）でどのように操作（行動）するかを学習することが強化学習としての目的です。ブロック崩しのようなゲームを考えると、プレイ開始からボールを落とすまでの間にも、ブロックを崩すごとに時々刻々と得点が得られるため、学習手法としては行動ごとに価値関数を更新するQ学習が適しています。

ここで画面が状態であると述べましたが、画面は84×84ピクセルからなり、あり得るパターンは膨大です。したがって状態の総数は、迷路の場合とは比べ物にならない程大きくなります。この場合、すべての状態と行動の組をテーブルで表現するということは、到底できません。こういった場合は、関数近似して、少ないパラメータで、状態を表現する手法を採ります。DQNの画期的なところは、この関数近似に 図3.11 （b）のような畳み込みニューラルネットワーク（CNN）を使ったところです。つまり、画面から行動を出力する処理全体をCNNで表しました。その上で、Q学習を利用して、このパラメータを学習することで、最適な価値関数を得る方針を採りました。詳細は論文（『Human-level control through deep reinforcement learning』）を参照してください。

その結果、49種のゲームに関してまったく同じ枠組みで、最初はランダムプレイからスタートして、強化学習を進めることができ、多くのゲームでは人間プレイヤを上回る得点能力を得ることができました。例えばブロック崩しゲームでは、最初はランダムプレイであるため、よくボールを落とすものの、学習が進むにつれて、徐々にボールを落とさなくなり、ついには、壁に穴を開けボールを壁の上に転がす、という高度な戦略を生み出すことができました。

強化学習の枠組みをゲームAIに適用し、ゲームに関する知識を使わずに、人間のエキスパートを超えるようなゲームAIを実際に実現してしまったところが、グーグル・ディープマインドの凄さです。ATARIゲーム以前に、これほど複雑な学習に成功した事例はなかったと言っても過言はないでしょう。

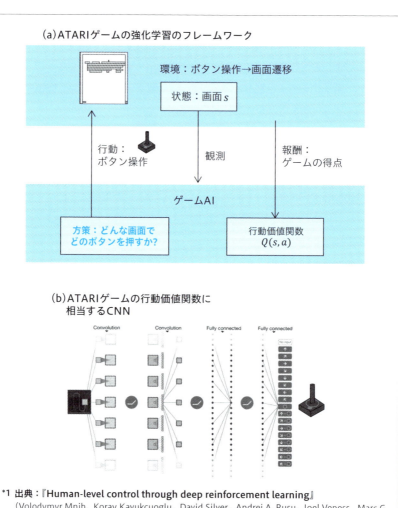

*1 出典：『Human-level control through deep reinforcement learning』
（Volodymyr Mnih、Koray Kavukcuoglu、David Silver、Andrei A. Rusu、Joel Veness、Marc G. Bellemare、Alex Graves、Martin Riedmiller、Andreas K. Fidjeland、Georg Ostrovski、Stig Petersen、Charles Beattie、Amir Sadik、Ioannis Antonoglou、Helen King、Dharshan Kumaran、Daan Wierstra、Shane Legg、& Demis Hassabis、nature、2015）より引用
URL https://www.nature.com/nature/journal/v518/n7540/full/nature14236.html#auth-4

図3.11 テレビゲームスキルを獲得する強化学習DQN：ゲームの得点をできるだけ高めることを目的に、どのような画面でどのボタンを押すかの方策を学習する

06 アルファ碁における強化学習

ここまで、様々な事例における強化学習の適用について説明してきました。本節では、これまでの議論を踏まえて、アルファ碁の「次の一手」タスクを行うポリシーネットワークを強化学習する手法について説明します。

3.6.1 アルファ碁の強化学習

ここで、いよいよアルファ碁の強化学習が登場します。アルファ碁の場合、第2章のSLポリシーネットワークを、より多く勝てるRLポリシーネットワークに「強化」するため、強化学習を利用しています。SLポリシーネットワークのように1手先の手を真似る近視眼的な戦略に対して、勝敗を報酬とする強化学習を使うことで、より勝ちやすい方策を獲得する方針です（図3.12）。

- 強化学習の目的：SLポリシーネットワークを強化学習することで、より勝ちやすいポリシーネットワークを作る ⇒ RLポリシーネットワーク
- 学習手法：SLポリシーネットワークを初期値とし、「ゲームの勝利」を報酬として、方策勾配法により強化学習
    - 勝った時は、勝つに至る手をできるだけ選ぶようにパラメータを更新
    - 負けた時は、負けるに至る手をできるだけ避けるようにパラメータを更新
- 自己対戦により、ゲームの結果を得る処理が膨大な時間を要するため、学習には50GPUでも約1日かかる

図3.12 RLポリシーネットワークを獲得するための強化学習の概要

これまで同様、強化学習の枠組みに当てはめると図3.13のようになります。この場合、環境は相手モデルであり、味方（エージェント）が手を打つ行動を採ると、相手が相手モデルに基づき手を打ち、その後の盤面が観測されます。

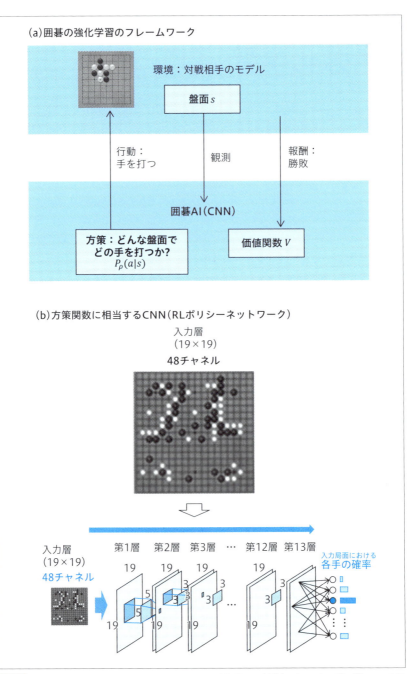

図3.13 アルファ碁におけるRLポリシーネットワークの強化学習：対戦相手にできるだけ勝つことを目的に、どの局面でどの手を打つかを学習する

囲碁の場合、選択した手と最終的な勝ち負けの因果関係を予測することは難しく、1手1手の手の選択に対する報酬を定義することは難しいです。そこで、迷路の例と同じように「ゲームの勝利」を報酬として、少しずつパラメータを更新する強化学習が考えられます。つまり、勝った時は勝つに至る手をできるだけ選ぶように、負けた時は負けるに至る手をできるだけ避けるようにパラメータを更新します。このような目的では、方策勾配法の強化学習の枠組みが適しています。

　ただし、囲碁の場合も盤面の組合せの状態の総数は膨大です。したがって、DQNの場合と同様に、画面から行動を出力する処理全体をCNNとして表現し、このCNNのパラメータを学習する問題に置き換えています。

　この手法は、理屈の上では、長い目で見たよい方策の獲得を期待できる一方で、遠い未来の状態まで考慮するためには、長大な状態の伝搬処理が必要です。したがって従来多くの研究者は、100手を超える長い手数となるようなゲームにおいて、勝ち負けを報酬とするような強化学習に成功することは、現実的には難しい、と考えてきました。アルファ碁は、「ゲームの勝利」を報酬とする強化学習などうまくいかない、というこれまでの常識を見事に覆したのです。

　表3.1 に、ここまで示した事例とアルファ碁による強化学習を比較した結果を示します。最初の多腕バンディットの事例は、状態が1個しかない単純な強化学習の例でした。2番目の迷路の強化学習では、複数の状態があるものの、状態の数はそれほど多くないため、すべての状態をテーブルとして持つことが可能でした。これに対し、ATARIゲームでは、画面そのものが状態であることから、状態の数が膨大であり、CNNを用いた強化学習が有効でした。状態の数が膨大である点は囲碁のAIも変わりません。ATARIゲームの場合の、画面を盤面に、報酬を勝敗に、どのボタンを選ぶかをどの手を選ぶか、に置き換えてみると、枠組みとしてはよく似ていると言えるでしょう。

表3.1 アルファ碁の強化学習手法とこれまで述べた他の強化学習手法との比較

		多腕バンディット	迷路を解くAI		ATARIゲームのAI	アルファ碁のAI
目的		コインを多く出せる戦略	ゴールまで早くたどり着ける戦略		得点を多く獲得できる操作	より多く勝てるポリシーネットワーク
環境		「当たり」が出る確率	上下左右の選択→マスの遷移		ボタン操作→画面遷移	囲碁のルールにしたがった、対戦相手の応答
エピソード		なし	スタートからゴールまで		開始からボールを落とすまで	1手目から終局まで
情報（状態）	観測できる	1個しかないので、観測は不要	現在いるマス		現在の画面	現在の局面
行動		どの「腕」を選ぶか？	各マスで、上下左右どちらに進むか？		ある画面に対し、どのようなボタン操作をするか？	囲碁の局面に対し、どのような手を打つか？
報酬		「コイン」が出れば1点	ゴールしたら+1点		ゲームの得点	勝てば+1点、負ければ-1点
学習手法		UCB1アルゴリズム	Q学習	方策勾配法	CNNを用いたQ学習（DQN）	CNNを用いた方策勾配法
パラメータ更新間隔		行動1回ごと	行動1回ごと	1エピソードごと	行動1回ごと	1エピソードごと

3.6.2 方策勾配法に基づく強化学習

ここでは、SLポリシーネットワークを強化し、RLポリシーネットワーク（RLは強化学習：Reinforcement Learningの略）を獲得する手法について述べます（P.161を参照）。

なおRLポリシーネットワークは、ある局面（状態）に対して、各手（行動）を選ぶ確率を与えるので、方策とみなせます。このRLポリシーネットワークのパラメータを得るための手法としては、初手から勝敗が決するまでを1つのエピソードとみなした、方策勾配法を用います。具体的には、図3.14 のようなフローで行います。

Step 1　RLポリシーネットワークのパラメータを初期化する

最初に、RLポリシーネットワークのパラメータを、第2章で得たSLポリシーネットワークのパラメータで初期化します。

Step 2　相手モデルを更新する

次に相手モデルを、過去のポリシーネットワークの集合Oの中からランダムに選択します。ただし、対戦相手を毎回更新すると、学習が不安定になるため、この更新は自己対戦128回に1回とします。

Step 3　相手モデルと味方モデルで終局まで手を進める

次に、この相手モデルに対して、最新の味方モデルとの自己対戦を実施し、終局するまで手を進めます（1回の対局がエピソードに相当する）。

味方モデルも相手モデルも次の一手の確率を出力するポリシーネットワークであるため、この確率にしたがって手を生成すれば、毎回異なる結果を得ることができます。勝ち負けは、zに格納します。この自己対戦128回を1セットとします。

Step 4　方策勾配法により、ポリシーネットワークのパラメータを更新する

この自己対戦128回終了後に、各回の勝ち負け情報zと、CNNの誤差逆伝搬法により得る勾配情報とを元に、方策勾配法に基づき、ポリシーネットワークのパラメータを更新します。迷路の例と同様、勝った対局に出てきた手をより出やすくするように、負けた対局に出てきた手はより出にくくなるようにパラメータを更新する要領です。図3.14 の$\Delta\rho$の計算法や、学習手法の詳細はAppendix 1のA1.2.1項で説明

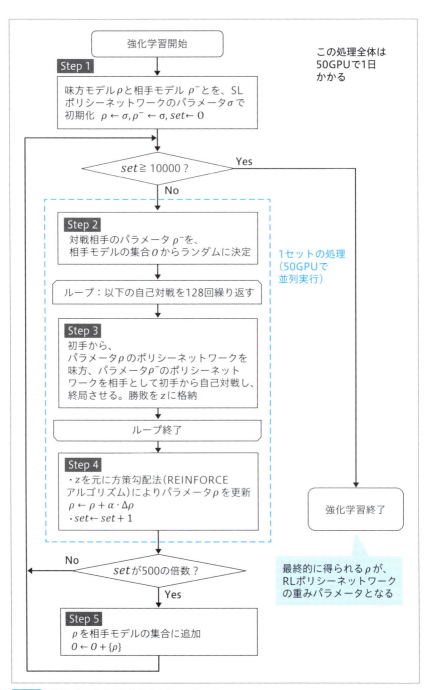

図3.14 アルファ碁における強化学習のフローチャート

しますが、Step 4のパラメータ更新手法はREINFORCEアルゴリズム（MEMO参照）と呼ばれます。

> **MEMO** | **REINFORCEアルゴリズム**
> 方策ベースの強化学習手法の一種です。詳しくはAppendix 1のA1.2節で説明します。

Step 5　ポリシーネットワークを相手モデルの集合Oに追加する

相手モデルのバリエーションを増やすために、この128回の自己対戦を500セット繰り返すたびに、その時のポリシーネットワークを相手モデルの集合Oに追加しています。

以上の手法では、Step 3の自己対戦に要する時間が圧倒的に大きいです。

例えば終局までに400手かかるとすると、味方と相手のポリシーネットワークを合計400回実行する必要があります。これをGPUを1個使う場合で概算すると、終局までに要する時間は5ミリ秒×400手＝2.0秒となります。したがって自己対戦128回には、2×128秒。これを10000セット繰り返すには、単純計算で（10000×2×128秒＝）約30日かかることになります。それに対し、アルファ碁はここでも50個のGPUで並列実行しています。この並列計算は、独立性が高いため、ほぼ50倍近い高速化が可能であると考えられます。

本書で参照しているアルファ碁論文によると、アルファ碁の場合、この10000セットの繰り返し計算に、50GPUを利用し、約1日を要したとのことです。

3.6.3 RLポリシーネットワークの性能

ここで獲得したRLポリシーネットワークは、本書で参考にしているアルファ碁論文によると、オリジナルのSLポリシーネットワークとの直接対決では、80％勝てるようになりました。また、後述するバリューネットワークの学習データを作る用途では、SLポリシーネットワークでデータを作るよりも、RLポリシーネットワークでデータを作るほうが、強いバリューネットワークを作ることができました。したがって、強化学習を適用した意図通り、「勝ちやすい高性能のポリシーネットワークができあがった」と言えます。

ただし、ものごとはそう単純ではありません。実は、最終的にモンテカルロ木探索と組合せて使う場合には、オリジナルのSLポリシーネットワークのほうが、RLポリシーネットワークよりも相性がよく、強くなるようです。実際、本書で参考にしているアルファ碁論文で、ファン・フイ二段との対戦に使われた評価用アルファ碁に組込まれているのは、元のSLポリシーネットワークであり、強化学習されたRLポリシーネットワークではありません。

理由としては、人間の直観そのものを表現するSLポリシーネットワークのほうが、生成される手に多様性があり、モンテカルロ木探索と相性がよくなったと分析しています。

ところで、グーグル・ディープマインドの研究者たちは、アルファ碁論文発表（2016年1月）以降、イ・セドル九段との対戦（2016年3月）に至るまで、自己対戦を繰り返したと言われていました。しかし、アルファ碁論文以降の改良については、2017年10月にアルファ碁ゼロの論文が発表されるまで、秘密のベールに覆われていました。この新しい強化学習手法については、第6章のアルファ碁ゼロの解説のところで改めて説明したいと思います。

3.6.4　バリューネットワーク学習用のデータ作成手法

　この強化学習により得られたRLポリシーネットワークは、3.6.3項で述べたように、バリューネットワークの学習のための学習データ作成に使われています。ここではその学習データ作成方法について述べます（図3.15）。なおいったん学習データを作った後のバリューネットワークの学習手法そのものは第2章の図2.26のSLポリシーネットワークの場合とほぼ同じなので割愛します。

　バリューネットワークは、ある局面を入力とし、その局面の勝率予測値を出力するCNNでした。したがって、学習データは局面、その局面の勝ち負けのペアです。SLポリシーネットワークの学習には3000万個の学習データを使いましたが、バリューネットワークの構造はSLポリシーネットワークと似ており、同程度の学習データが必要と考えられます。

- バリューネットワークとは、局面を入力とし、勝率予測値を出力するCNN
- 学習方法：CNNが出力する勝率予測値が、学習データの勝敗に近づくようにフィルタ重みを更新
- 学習データ：(局面、勝ち負け)の組合せ3000万個
    - 局面の作り方：SLポリシーネットワークによりU手目まで進め、その後にランダム手を1手進める
    - 勝ち負けの作り方：RLポリシーネットワーク同士の自己対戦結果により近似
    - この学習データの作成自体に50GPUで1週間かかる(推定)
- 学習自体にも50GPUで1週間かかる
- 従来困難とされた囲碁の評価関数が完成

入力層
(19×19)
49チャネル

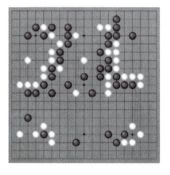

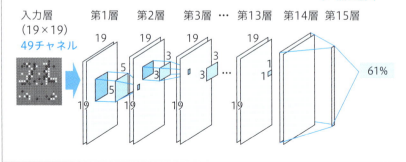

図3.15 アルファ碁におけるバリューネットワークの学習の概要

それでは3000万個の学習データをどのように得るとよいでしょうか？

第1に、SLポリシーネットワークに用いた16万個の棋譜（3000万個の局面）をそのまま使うことが考えられます。しかし、そのままではうまくいきません。なぜなら1つの棋譜の勝敗は1つに定まっている一方で、同じ棋譜からは似たような局面しかとれないためです。つまり同一棋譜から複数の局面を取り出してしまうと、入力データ間の相関が高過ぎ、うまく学習が進まないのです。

そこで各棋譜からは1個だけ学習データを取り出すことにすると、全部で16万個の学習データしか得られません。つまり入手可能な強いプレイヤの棋譜だけでは、十分な学習データを得られないのです。

そこでアルファ碁では、RLポリシーネットワーク同士の自己対戦に基づき棋譜を生成し、その棋譜に基づき学習データを作る方針を採っています。ただし、この自己対戦にあたっても、できるだけバリエーションを増やすためにいくつかの工夫を行っています。その工夫を 図3.16 のフローチャートに示します。

・Step 1　ランダムに数字を選択する（U）

最初に1～450の中からランダムに数字を選択して、これをUとします。

・Step 2　$U-1$手目まで局面を進める

次にSLポリシーネットワークを$U-1$回使って、$U-1$手目まで局面を進めます。

・Step 3　ランダムに次の一手を決めて局面を進める（局面S）

次のU手目は空点の中から、ランダムに次の一手を決定し局面を進めます。この局面をSとします。

・Step 4　終局まで進める

この局面Sからは、RLポリシーネットワークを使って、終局まで手を進めます。最終的な勝敗をzとします。

・Step 5　（S, z）の組を学習データに加える

この(S, z)の組を、学習データに加えます。

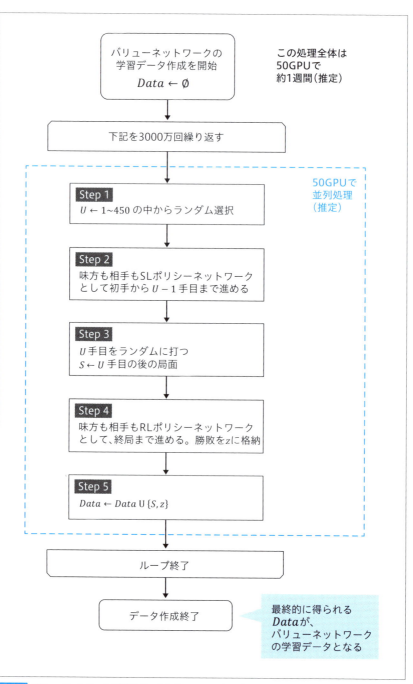

図3.16 バリューネットワークの学習データ作成のフローチャート

これらの Step 1 ～ Step 5 の処理を 3000 万回繰り返し、学習データを 3000 万個作ります。

　Step 1 で、局面 S を得るための手数 U をランダムに生成しているのは、序盤から終盤までまんべんなく局面を生成したいという意図です。ただし最大値の 450 は通常の碁盤の点の数である $19 \times 19 = 361$ よりも大きく不自然にも感じられます。バリューネットワークにおいては、勝敗がほぼ確定する、終盤の局面を重点的に学習させたいという意図があるのかもしれません。

　また Step 2 で、相対的に強い RL ポリシーネットワークを使うのではなく、敢えて SL ポリシーネットワークを使うのは、「SL ポリシーネットワークのバリエーションのほうが大きかったため」です。

　Step 3 で、ほとんどあり得なそうな手も含めて、ランダムに手を選択させる部分にも、何としてもバリエーションを大きくしたい意図が感じられます。

　たった 1 個の学習データを得るのに、400 手程度要する自己対戦を実施するというのは、何とも贅沢なコンピュータリソースの使い方です。実際、GPU を使う場合でも、1 個の学習データを得るのに 1 秒程度の時間がかかると考えられます。それだけ訓練データの相関を少なくすることが重要であるということでしょう。

07 まとめと課題

 本節では、本章の内容のまとめと、強化学習の課題について説明します。

　人間のトップ棋士レベルに近づき、人類から学ぶものが少なくなったアルファ碁にとって、強化学習を使うことになるのは自然な成り行きです。強化学習は、人間が経験に学ぶのと同様に、AIが知能を獲得していくモデルです。

　理論的にうまくいくことは昔から知られていましたが、実際の成功例は限られていました。そこに風穴を開けたのが、グーグル・ディープマインドが開発したDQNであり、アルファ碁でした。SLポリシーネットワークの強化学習により得られたRLポリシーネットワークは、元のSLポリシーネットワークに対して80％勝てるようになりました。

　ただしディープラーニングの華々しい成功に比べると強化学習はまだいくつかの課題があるように見えます。アルファ碁のRLポリシーネットワークは、勝ちを目指すポリシーネットワークとしては優れていますが、勝ちにこだわり過ぎるためか、SLポリシーネットワークよりも生成される手のバリエーションが小さくなってしまうらしいのです。その結果、次章のモンテカルロ木探索に組込む場合には、SLポリシーネットワークの相性のほうがよいようです。

　また強化学習の多くのモデルでは、理論的な収束が保証されず、収束させるためのチューニングは、ディープラーニング以上に困難なようです。ただし、DQNやアルファ碁の成果に続き、強化学習は現在、理論・応用ともに、急速に研究が進んでいるため、課題が解決する日も近いかもしれません。今後の成果が楽しみな分野です。

　なお本章の内容は、2016年1月に発表されたアルファ碁論文を元に記述しました。2017年10月に新たな論文に発表されたアルファ碁ゼロの強化学習手法については、第6章のアルファ碁ゼロの解説で改めて説明します。

Chapter 4

探索
〜囲碁AIはいかにして先読みするか〜

アルファ碁の先読み力を支えるのは、探索と呼ばれる手法です。ゲームにおける従来の探索手法は、あらゆる候補を列挙してゲーム木を作成し、その中を「しらみ潰し」に調べて最良のものを選択するというものでした。

高速な探索はコンピュータが得意とする分野であり、将棋やチェスが強くなったのは、「しらみ潰し」探索の寄与が大きいです。囲碁では長らく「探索は難しい」と考えられていましたが、2006年に「モンテカルロ木探索」と呼ばれる画期的な手法が誕生しました。

本章では、ランダムシミュレーションの勝敗を元に、少しずつ木を成長させる、モンテカルロ木探索の原理と特徴について説明します。

本章で説明する技術トピックと全体の中の位置づけ

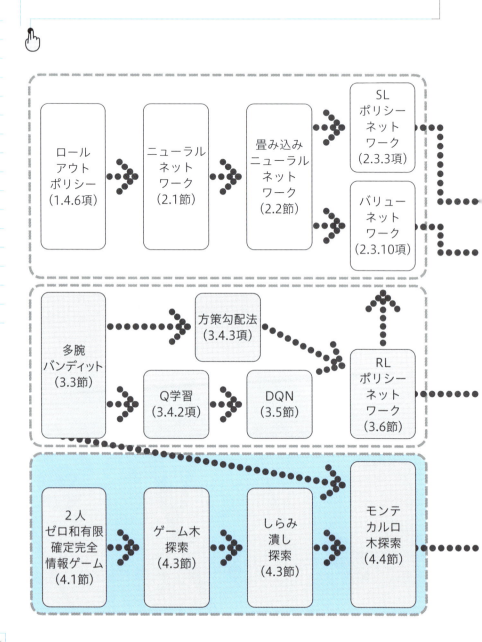

第4章では、囲碁AIの基本的な探索手法であるモンテカルロ木探索（4.4節）を理解することを目標とします。そのためボードゲームの特徴付け（4.1節）、ゲーム木探索の基本（4.3節）、将棋・チェスで成功したしらみ潰し探索とこの探索手法が囲碁ではうまくいかなかった理由（4.3節）の順に説明していきます。

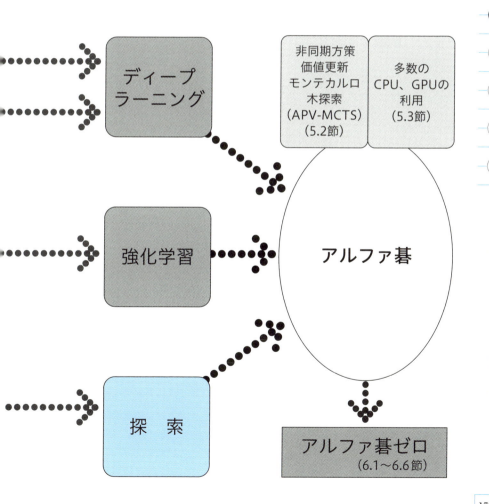

本章で説明する技術トピックと全体の中の位置づけ

01 2人ゼロ和有限確定完全情報ゲーム

 ここでは、囲碁・将棋などのゲームが、2人ゼロ和有限確定完全情報ゲームに分類されることを説明します。

4.1.1　いかにして手を先読みするか

　本書の3番目の問いである、「囲碁AIは、いかにして手を先読みするか」に移りましょう（ 図4.1 ）。

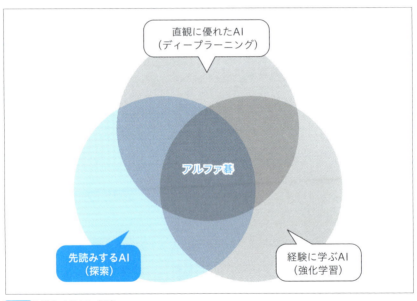

図4.1 先読みするAI：探索

　囲碁をはじめ、チェス、将棋、オセロなどは、2人ゼロ和有限確定完全情報ゲーム（以下、単に「ゲーム」と言う）に分類されます。2人ゼロ和有限確定完全情報を構成する各用語の意味は、次の通りです。

- **2人**：プレイヤ2人で争われる
  （⇔麻雀：4人で争われる）
- **ゼロ和**：協力の要素がなく、片方の「勝ち」が他方の「負け」になる
  （⇔囚人のジレンマゲーム：相手との共謀や裏切りにより、2人とも得したり、損をしたりする場合がある）
- **有限**：手の組合せの総数が有限
  （⇔トランプのババ抜き：お互いにババを引き続けると無限に終わらないこともある）
- **確定**：運に左右されない
  （⇔すごろく：サイコロを振るので不確定である）
- **完全情報**：相手の選択についてすべて知ることができる
  （⇔トランプのポーカー：手の内が見えない不完全情報ゲーム）

2人ゼロ和有限確定完全情報ゲームでは「先手必勝」「後手必勝」「引き分け」のいずれか（これを「ゲーム値」という）を「数学的には」確定できることが知られています。例えば、図4.2（a）の○×ゲームの初形は○がどこに打っても×が最善を尽くせば引き分けとなります。

一方、(b) の○と×が1手ずつ進めた局面では、後で示すように、例えば左斜め上に○を置けば先手必勝（○必勝）です。少し難しいところでは、(c) 5目並べは先手必勝、(d) どうぶつしょうぎ（MEMO参照）は後手必勝、(e) 6×6のオセロは後手必勝（MEMO参照）であることが証明されています。

> **MEMO** | **どうぶつしょうぎ**
>
> 「どうぶつしょうぎ」の完全解析
> URL https://www.tanaka.ecc.u-tokyo.ac.jp/ktanaka/dobutsushogi/animal-private.pdf

> **MEMO** | **6×6オセロは後手必勝**
>
> 6×6オセロが後手必勝であることは、次のサイトを参照してください。

Solving the 6x6 normal othello
URL http://www.tothello.com/html/solving_the_6x6_normal.html

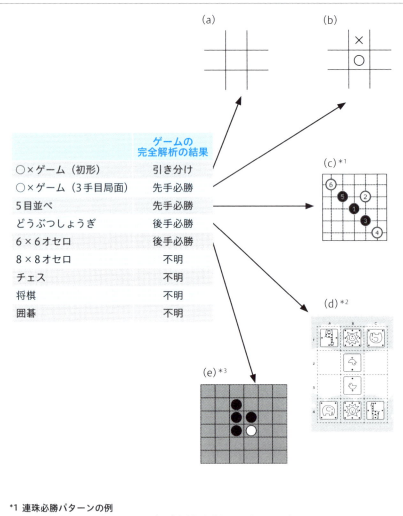

*1 連珠必勝パターンの例
　出典:「脳を鍛える脳力トレーニング」、「連珠必勝パターンの例」より引用
　URL http://goodbrains.net/game/renju-hogetsu.html

*2 どうぶつしょうぎの画像
　出典:ピエコデザイン
　URL http://piecodesign.jp/
　©Maiko Fujita Madoka Kitao

*3 オセロの画像
　出典:「Tothello」、「Solving the 6×6 normal oyhello game」を参考に作成
　URL http://www.tothello.com/html/solving_the_6x6_normal.html

図4.2 2人ゼロ和有限確定完全情報ゲームのゲーム値。サイズの小さなゲームでは、完全解析を行い、「先手必勝」「後手必勝」「引き分け」のいずれかを決定することができるが、サイズの大きい囲碁などのゲームでは事実上不可能である

このようにゲームの勝ち負けを証明することを、「ゲームの完全解析」と言います。完全解析を行うには、基本的には、あらゆる可能性をしらみ潰しに調べ尽くす方法によります。例えば（b）の○×ゲームの3手目の局面の場合、人は 図4.3 のような分岐を頭の中で展開して、「○の必勝」と証明しているのではないでしょうか？他に「詰碁」や「詰将棋」が得意な人も、このような証明を頭の中で行っているはずです。コンピュータの場合も同じで、あらゆる手を展開した上で、後手（×）がどう応じても、先手（○）がうまく手を選べば必ず勝てることを証明すればよいでしょう。

　一方、囲碁、将棋、チェスのように、局面の分岐・組合せの数が非常に大きい場合、完全解析は事実上不可能です。勝ち負けが数学的に決定できることと、その解が簡単に得られることはまったく意味が異なるのです。

　このようなゲームでは、ある程度先までの先読みで打ち切って、その中での最良の手を選ぶという方針を採らざるをえません。

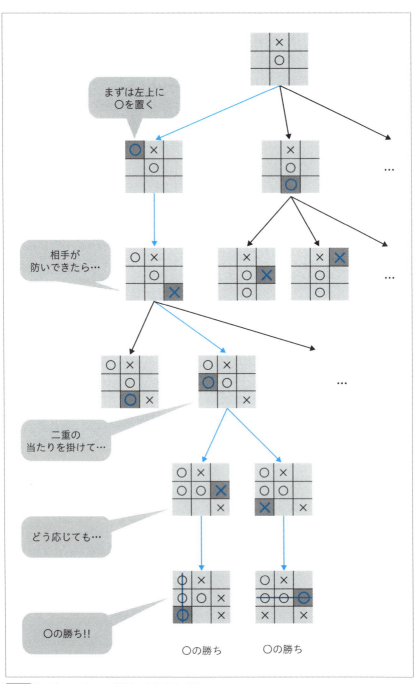

図4.3 ○×ゲームにおいて「勝ち」を証明する例

02 ゲームにおける探索

 ここでは、ゲームにおける探索の考え方について簡単に説明します。

4.2.1　SLポリシーネットワーク

図4.4 は、図2.16 のSLポリシーネットワークの図を90度回転してみたものです。こうすると一番上に局面が、そして一番下に1手先の各局面と勝率がついた図と見ることができます。このSLポリシーネットワークでは、

1. 1手進める
2. 勝率を計算する
3. 一番勝率の高い手を選ぶ

という処理を順に実行しています。つまり、1手の先読みをしていると考えられます。

この「1. 1手進める」の部分を、2手、3手、…、d手と増やして、評価の精度を上げていこう、というのがゲームにおける「探索」の考え方です。

ただし深さがd手であり、ある局面の合法手の数がw個あるとすると、単純にはwのd乗個の局面を評価しなければならず、計算量が爆発するという点に注意してください。

なお計算量理論の分野では、これは指数オーダ（MEMO参照）と言われ、dが大きくなるとすぐに膨大な数となってしまいます。したがって指数オーダの計算量は、通常好まれません。しかし探索の問題では、本質的に指数オーダになってしまう場合が多く、この膨大な探索空間をいかに効率的に探索するかが焦点となります。

> **MEMO｜指数オーダ**
> 計算量が指数オーダであるとは、入力サイズに対して、計算量が指数関数的に大きくなることを言います。後で見るように囲碁の探索を表すゲーム木では、深さdが大きくなると、枝分かれの数は指数関数的に大きくなります。

SLポリシーネットワークから探索へ

・ポリシーネットワークは、90度回転すると……

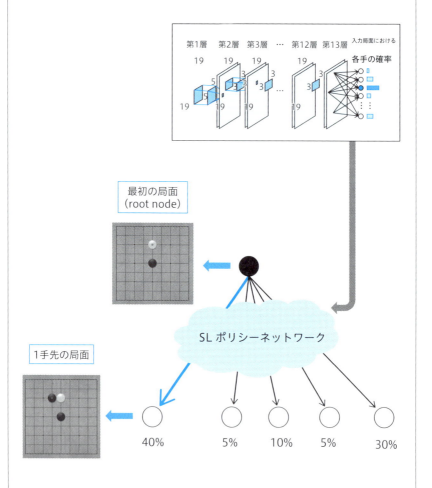

図4.4 ポリシーネットワークから探索へ

03 従来のゲーム木探索（ミニマックス木探索）

ここでは、従来の将棋などのゲームにおいて有効であった、ゲーム木のしらみ潰し探索の考え方とそのポイントについて簡単に説明します。

4.3.1 「しらみ潰し探索」の考え方

第2章で少し触れましたが、将棋などのゲームAIでは、d手先まで手を展開し、d手先の局面を評価して、一番よい手順を選ぶ「しらみ潰し探索」の考え方が主流となっています。

理由としては、将棋などのゲームでは合法手の数が少ないことが挙げられます。また将棋では、駒の価値を点数化しその合計で評価するだけでも、それなりにまともな局面評価関数を作れるためです。したがってこの評価関数と深い探索を組合せることで強いAIを作ることができます。

ここで従来の将棋などのゲームにおいて強いAIを作るのに有効な、ゲーム木（MEMO参照）とそのしらみ潰し探索について簡単に触れておきましょう。

> **MEMO｜ゲーム木**
> アルゴリズムや探索の分野では、木とは、ノードとアークから構成されるネットワークのうち、特に根（ルート）と呼ばれるノードを持つものを指します。ゲーム木とは、局面をノードに、「プレイヤの手」をアークに対応させ、最初の局面を根（ルート）ノードとする木のことを言います。

2人のプレイヤが、交互に手を選択する囲碁や将棋のようなゲームは、図4.5のように、複数のノード（node）（P.187のMEMO参照）をアーク（arc）（P.187のMEMO参照）でつないだゲーム木（game tree）で表現することができます。

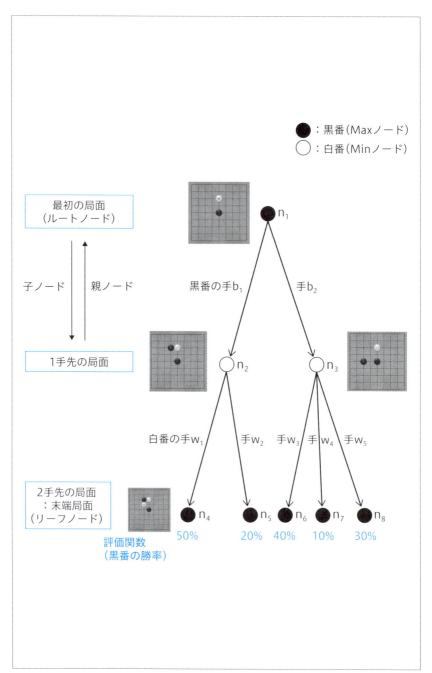

図4.5 ミニマックス木の例。局面がノードに、「プレイヤの手」がアークに対応し、最初の局面がルートノードとなる。囲碁などの2人ゲームの場合、MaxノードとMinノードが交互に現れる

> **MEMO｜ノード（node）**
> 木を構成する接点のことです。ゲーム木の場合は、ノードは「局面」に対応します。

> **MEMO｜アーク（arc）**
> 木を構成する接点と接点をつなぐ枝のことです。ゲーム木の場合は、アークは「プレイヤの手」に対応します。

ノードは局面を表し、アークは一手進める操作を表します。ゲーム木は、通常の木とは上下反対で、一番上がルートノード（root node）（MEMO参照）と呼ばれ、一番下のノードはリーフノード（leaf node）（MEMO参照）と呼ばれます。

> **MEMO｜ルートノード（root node）**
> 例えば、図4.5では、n_1がルートノードになります。

> **MEMO｜リーフノード（leaf node）**
> 例えば、図4.5では、n_4からn_8の各ノードがリーフノードとなります。

なおゲーム木においては、ノード関係を家族の名称で呼ぶことが多いです。すなわち、1つ下のノードを子ノード（MEMO参照）、1つ上のノードを親ノード（MEMO参照）、また親ノードから見て自分以外の子ノードを兄弟ノード（MEMO参照）と呼ぶといった具合です。

> **MEMO｜子ノード**
> 例えば、図4.5では、n_2とn_3がn_1の子ノードとなります。

> **MEMO｜親ノード**
> 例えば、図4.5では、n_1がn_2とn_3の親ノードとなります。

> **MEMO｜兄弟ノード**
>
> 例えば、**図4.5** では、n_2 から見た n_3 や、n_6 から見た n_7 や n_8 などが兄弟ノードとなります。

ルートノードは最初の局面です。1手後局面は複数あるため、子ノードも複数あり、各ノードにはルートノードからアークが張られます。

以下、2手後局面、3手後局面と次々に枝分かれしていくと、リーフノードの数は通常、指数関数的に大きくなります。複雑なゲームでは、勝ち負けが決定する終局まですべてのノードを展開することは難しいため、ある深さで打ち切られることが多いです。この場合、リーフノードには、この局面の評価値（黒の勝率）が付されます。

なお、リーフノードの評価値を黒の勝率だけで表してよいかはよく考える必要があります。実は囲碁の場合はOKですが、これは囲碁が**ゼロ和ゲーム**（MEMO参照）であるお陰です。例えば、黒番から見て勝率60%ならば、白番から見れば勝率40%と、必ず勝率の合計は100%となります。

> **MEMO｜ゼロ和ゲーム**
>
> 囲碁や将棋が「2人ゼロ和有限確定完全情報ゲーム」であることは、4.1節で述べました。したがって、これらはゼロ和ゲームでもあります。
> ゼロ和ゲームとは、協力の要素がなく、一方の「勝ち」が、他方の「負け」となるゲームのことでした。

一方、黒番から見た勝率は60%ですが、白番から見た勝率は50%というように、合計が100%とならないことがもしあると、味方の評価関数と、相手の評価関数を別々に考える必要があるため、探索の考え方はかなり複雑になります。

余談ですが、人間同士の対戦の場合も、囲碁AI同士の対戦の場合も、黒番と白番が別のプレイヤである場合には、往々にして自分のほうがよいと利己的に考えていることが多いようです。しかし現実には、どちらかが誤っており、誤りに気付いた時には手遅れであることが多いです。

話を戻します。評価関数が黒の勝率で表される場合、黒番（先手）は勝率を最大化すればよく、白番（後手）は最小化すればよいでしょう。したがって黒番（先手）のノードはMaxノード（MEMO参照）、白番（後手）のノードはMinノード（MEMO参照）と呼ばれます。また、この木のことをミニマックス木（min-max tree）（MEMO参照）と言います。ミニマックス木においては、ルートノード（最初の局面）からリーフノード（末端局面）まで順にたどっていくと、MaxノードとMinノードとが交互に繰り返し現れます。

> **MEMO** | **Maxノード**
> 例えば、図4.5では、黒番局面に相当するn_1やn_4〜n_8がMaxノードとなります。

> **MEMO** | **Minノード**
> 例えば、図4.5では、白番局面に相当するn_2、n_3がMinノードとなります。

> **MEMO** | **ミニマックス木（min-max tree）**
> 例えば、図4.5のゲーム木は、各ノードがMaxノードかMinノードのいずれかからなるミニマックス木です。ルートノードからリーフノードまでたどると、MaxノードとMinノードが交互に現れていることも確認できます。

　囲碁・将棋などのゲームでは、よく「3手の読みが重要」と言われますが、これはミニマックス木の特長を考えるとよくわかります。自分のことだけを考えるとMaxノードしか考えないことになりますが、相手がいる囲碁や将棋では、相手もまた最善を尽くしてくるので、それでは不十分です。自分が打って、相手が打って、また自分が打つという過程で、自分のMaxノードと相手のMinノードの処理を理解することが、人間にとっても、コンピュータにとっても大切です。

黒の最善手を決定するには

それではこのミニマックス木が与えられた場合に、黒の最善手を決定するにはどうしたらよいでしょうか？　その方法について 図4.6 を用いて説明しましょう。

すべてのリーフノードに黒の勝率が付されていれば、黒番（先手）で子ノードの勝率の最大値、白番（後手）で子ノードの勝率の最小値を取ることを繰り返すことで、最終的にルートノードの勝率を決定することができます。したがって最善手を得る処理は、次のステップを実行すればよいことになります。

・Step 1　黒の勝率をつける

d 手先まで展開し、リーフノード（末端局面）に黒の勝率を付けます（ 図4.6 (a)）

・Step 2　ノードの評価を決める

黒番では子ノードの最大値を取り（ 図4.6 (b)、(d)）、白番では子ノードの最小値を取りながら（ 図4.6 (c)）木を登り、リーフノードからルートノードに向かって順にノードの評価を決定します。

・Step 3　子ノードを選択する

最終的にルートノードで最も高い評価となる子ノードを選択します（ 図4.6 (e)）。

この手法ですと、Step 1 で勝率を付けるため、すべてのリーフノード（N 個とする）を調べる必要があります。実際には、もう少し効率のよい方法としてアルファベータ法（MEMO参照）と呼ばれる手法があり、この場合調べるノード数を $\sqrt{N}$ 個程度に減らせることが知られています。

> **MEMO｜アルファベータ法**
>
> アルファベータ法は、ミニマックス木探索において、うまい枝刈りを利用することで、ミニマックス木の正しい評価値を、効率的な（つまり少数のノードをたどる）探索で得る手法です。探索アルゴリズムの中で、アルファ値を評価値の下限、ベータ値を上限とみなして、探索を進めることから、このような名称が付いています。

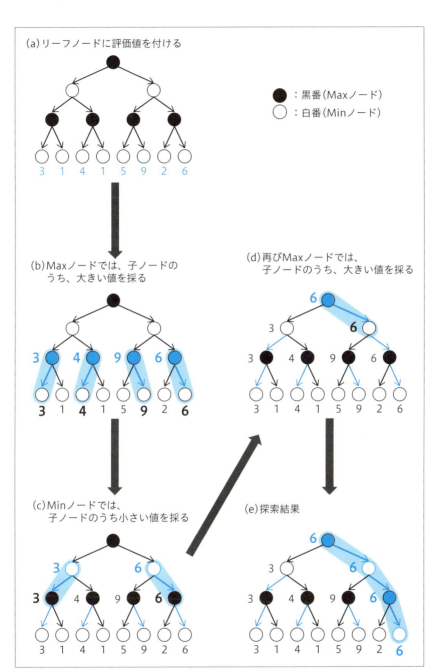

図4.6 ミニマックス木探索の例。(a) リーフノードに評価値を付ける。(b)(d) 子ノードのMAXを採る。(c) 子ノードのMINを採る。(e) 最終的に、ルートノードの左側の子ノードの評価値は3、右側の子ノードの評価値は6となり、最善手は右側の手となる

4.3.2 探索のポイント 〜枝刈りと評価関数〜

ここでミニマックス木の探索のポイントを述べておきましょう。

探索で重要なことは、端的に言えば次の2点に集約されます。

・ いかにして重要な手を深く読むか
・ リーフノード（末端局面）をいかに正確に評価するか

前者に対しては、重要な変化を深く読むための「枝刈り」（MEMO参照）や「深さ延長」（MEMO参照）といった手法が知られています。

> **MEMO｜枝刈り**
>
> ゲーム木探索において、見込みのない手の探索を打ち切り、通常よりも浅い探索により読みを省略することです。人間の感覚で言うと、「他によい手があるので、見込みのない手をこれ以上先読みするのはやめよう」といった工夫に相当します。

> **MEMO｜深さ延長**
>
> ゲーム木探索において、有望な手や評価が誤っているリスクが高い手を通常よりも深く探索することです。人間の感覚で言うと、「よさそうな手なので、もう少し先まで調べてみよう」といった工夫に相当します。

後者に対しては、ゲームの特性に応じ、正確に勝率を計算できる「評価関数」を開発することが肝となります。

ゲーム木の探索においては、より深い探索が重要であると同時に、評価関数の精度も同じように重要です。

評価関数があてになる場合とそうでない場合

例えば両極端を考えてみましょう。まず完璧な評価関数があれば深い読みは必要ありません。例えば、本章のはじめに説明したゲーム値がわかっていれば、

・勝：100%

・引き分け：50%

・負：0%

という評価関数を作れます。

この場合、1手先まで読んで、勝率が100%になる手を選べばよいでしょう。1手先まで読めば十分であり、深さ2以上の探索はまったく必要ありません（図4.7(a)）。

逆に、評価関数がまったくあてにならない（例えば乱数によるもの）とすると、探索結果は乱数だけに左右され、どんなに深く探索しても、まったく価値のない結果が得られるだけです（図4.7 (b)）。

ただし一般に、精度の高い評価関数を実現する処理には時間がかかり、深く探索することが難しくなります。

逆に処理が高速な評価関数を使うと深く探索できるものの精度が落ちてしまいます。

評価関数を強化するか、探索を強化するか、ゲームAI開発者にとっては、常に悩ましい問題です。

- 将棋・チェス等の「しらみ潰し」探索では、
    (1) 探索の深さ（いかに重要な変化を深く読むか）
    (2) 評価関数の質（いかに正確に優劣を評価するか）
  が共に重要

(a) 完璧な評価関数の場合　　→　　深さ1の探索で十分

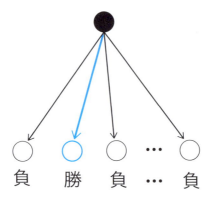

(b) 評価関数がランダムな場合　　→　　いくら深く探索しても無意味

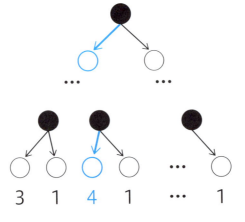

- 一方、囲碁は、合法手が多く、かつ正確な評価が困難なため、「しらみ潰し」探索は困難

図4.7 ゲーム木探索のポイントは、探索の深さと評価関数の質である。完璧な評価関数を作ることは通常不可能なので、深さ制御と評価関数の質を共に高める必要がある

04 囲碁における モンテカルロ木探索

ここでは、2006年に、囲碁AIの世界に突然現れ、大きなブレークスルーとなったモンテカルロ木探索について説明します。

4.4.1 モンテカルロ法

　囲碁は、合法手の数が非常に多いため、深く探索するのが難しく、また精度の高い評価関数を作るのが難しいという課題もあります。したがって「しらみ潰し探索」の考え方をそのまま適用することは難しいと考えられます。それに対し、モンテカルロ法と呼ばれるランダムシミュレーションをベースとする手法が有効であることがわかってきました。ここではモンテカルロ法の応用例として、円周率πの計算を考えてみましょう。

　のように、1辺の長さ2の正方形に、半径1の円が内接している状況を考えましょう。この円の面積はπです。モンテカルロ法では、この正方形の中に、ランダムに座標点を何回も発生させ、そのうち、何回円の中に入ったかをカウントします。ここでN回中M回円の中に入ったとすると、円の中に入る確率は面積に比例するはずなので、Nが大きくなればM/Nはπ/4に近づくと考えられます。例えば（N=）10,000回中（M=）7,848回、円の中に入ったならば、πは約3.14と推定できるわけです。

　πの計算の場合、成功（円の中に入る）か失敗（円の中に入らない）かの判定は簡単です。それに対し一般的なモンテカルロ法は、実行してみないと結果がどうなるかよくわからないシミュレータの振る舞いを知る目的で使われます。パラメータを変えてみて、繰り返しシミュレーションを実行する要領です。結果として、シミュレータを実行するための、最適なパラメータを求める目的でよく使われます。

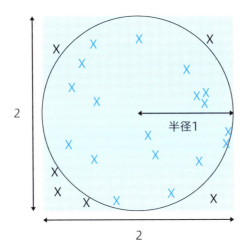

図4.8 モンテカルロ法によるπの近似計算の例

4.4.2 囲碁の場合のモンテカルロ法：原始モンテカルロ

　囲碁の場合も、図4.8 の正方形が19×19のメッシュに分かれていると考え、ランダムに手を発生させれば、πの計算の場合と同様のことをできそうです。ただし、今度は、円の中に入るかどうかで成功判定するのではなく、その手を打った後に勝つ（成功）か負ける（失敗）かを判定する必要があります。

　囲碁の場合は、プレイアウト（MEMO参照）というランダム手選択に基づくシミュレーション手法により、勝ち負けを判定するということが行われます。ランダム選択は少々乱暴なようですが、試行回数を増やすと、ある程度まともな評価に近づくことがわかってきました。このプレイアウトを利用するモンテカルロ法がモンテカルロ木探索ということになります。

　モンテカルロ木探索の本題に入る前に、まずは最も単純な原始モンテカルロを考えてみましょう。原始モンテカルロとは、図4.9 のように、元の局面から1手進めた

局面から、決着がつくまでランダムにプレイアウトして、最も勝率が高い手を選ぶ手法のことです。

例えば 図4.9 で手b_1、b_2、b_3の中から1手を選ぶ場合、b_1は2勝1敗で勝率67％、b_2は3勝2敗で勝率60％、b_3は2勝3敗で勝率40％なので、最も勝率の高いb_1を選ぶという要領です。

原始モンテカルロは、3.3節で説明した多腕バンディット問題の設定をそのまま

> **MEMO｜プレイアウト**
>
> ある局面から、黒番と白番が、短い試行時間で、交互に手を選択し、終局（勝ち負けが判断できる局面）まで進める手法です。囲碁の場合は、仮に手の選択がランダムであったとしても、自分の眼は埋めないといった、簡単なルールを付加するだけでも、400～500位の手数で、それ以上どちらも手を打てない、最終局面に到達できることが知られています。このプレイアウトを容易に実行できることが、以降で説明する原始モンテカルロやモンテカルロ木探索を行う条件になります。

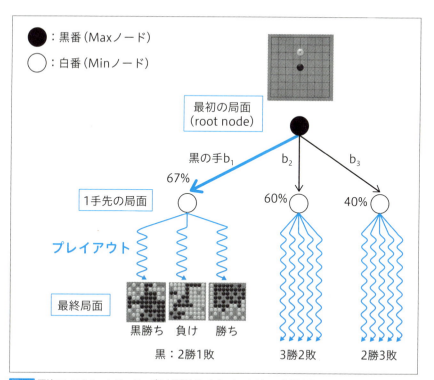

図4.9 原始モンテカルロとは、ランダム対戦結果（プレイアウト）の結果を元に、ルートノードの1手先の局面の勝率を決定する手法

囲碁に適用したものと考えることもできます。したがって多腕バンディット問題と同様に、いつも勝率だけで手を選択してしまうと、確率のゆらぎのために、誤って真の勝率の低い手を選んでしまう場合があります。これに対しては、手の選択基準を勝率最大のものから、UCB1最大のものに変えれば、問題が解決します。

しかし原始モンテカルロには、ミニマックス木の中をプレイアウトする囲碁独特の別の問題もあります。図4.10のように、プレイアウトの探索経路の中に相手に1つだけよい手があるような場合を考えてみましょう。この場合、一見すると勝率の高い黒b_1がよさそうです。

しかし、その次の白番で、白が白の手w_2を選ぶと白の必勝であるとしましょう。その場合、実際には黒の手b_1の勝率は0%であり、b_1は悪い手です。しかし白が別

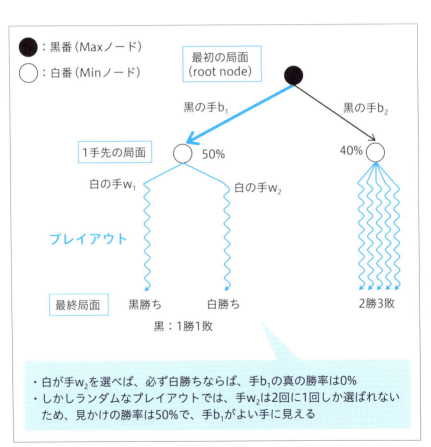

図4.10 原始モンテカルロの課題：相手に1つだけ良い手があるような手は見落とすため、誤った選択をしてしまう

の白の手w_1を選ぶ場合に黒が勝つとすると、w_1かw_2かはランダムに選択されるため、見かけの黒の手b_1の勝率は50％と高くなります。したがって黒はb_2よりも勝率の高いb_1を選んでしまいます。この判断ミスの原因は、ミニマックス木の探索では本当は相手の一番よい手を選ぶ必要があるにもかかわらず、原始モンテカルロのプレイアウトの中ではランダムに手が選ばれてしまうことに起因します。

4.4.3 モンテカルロ木探索

この問題に対処できる手法として、「有望な手」をより深く調べることで、探索の精度を高める「モンテカルロ木探索」と呼ばれる手法があります。

ここでモンテカルロ木探索の流れを見てみましょう（ 図4.11 ）。モンテカルロ木探索はルートノードから終局までのシミュレーションを繰り返しますが、このシミュレーションは、選択（Selection）、展開（Expansion）、評価（Evaluation）、更新（Backup）の4つの操作からなります（ 図4.12 ）。

・Step 1：子ノード選択処理

まずStep 1の子ノード選択処理では、リーフノードに至るまで、UCB1（＝バイアス＋勝率）が最も大きな子ノードを選択して手を進め、木を降りていきます。

・Step 2：展開処理

次にStep 2の展開処理では、試行回数がn_{thr}以上となった場合に、新しいノードを作成します。

・Step3：評価処理

Step 2までの処理によりリーフノードに到達した後はプレイアウトを実行します。

・Step 4：更新処理

プレイアウトが終わった後は、ルートノードに至るすべてのノードについて、プレイアウトの勝敗をゲーム木に反映します。

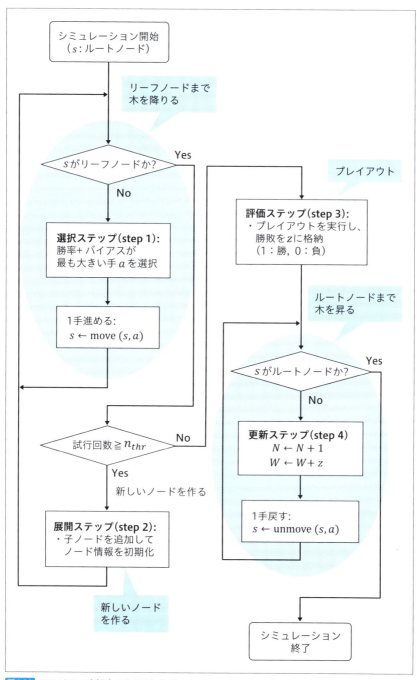

図4.11 モンテカルロ木探索におけるシミュレーションのフローチャート

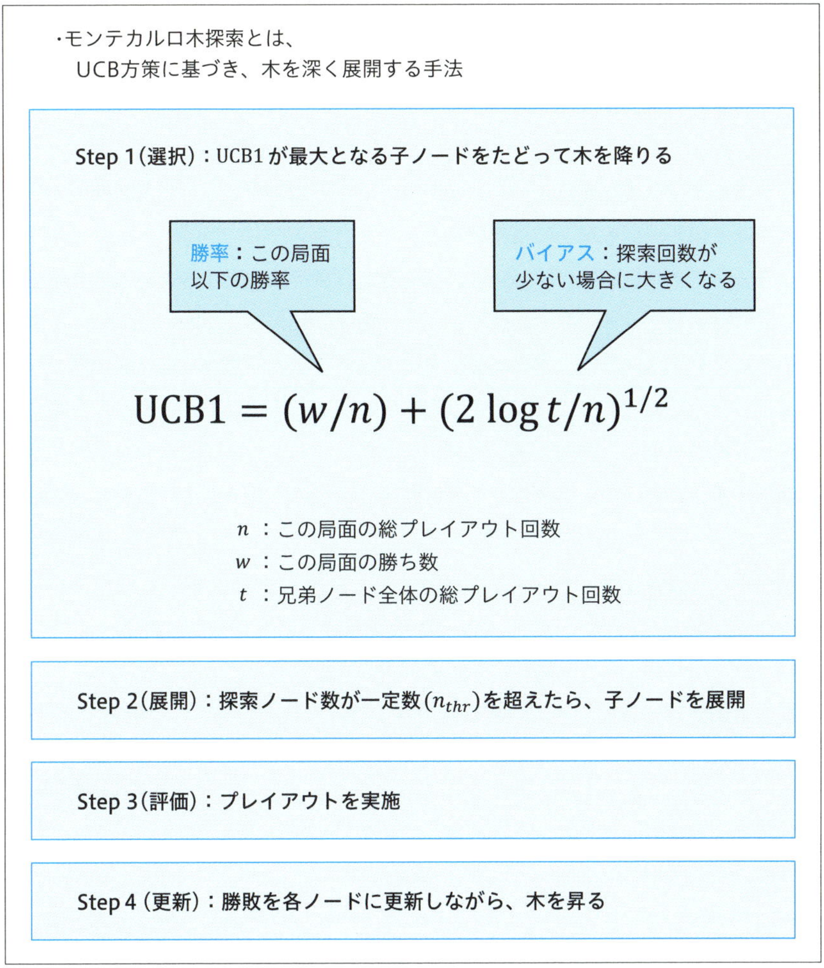

・モンテカルロ木探索とは、
　UCB方策に基づき、木を深く展開する手法

Step 1（選択）：UCB1 が最大となる子ノードをたどって木を降りる

> 勝率：この局面
> 以下の勝率

> バイアス：探索回数が
> 少ない場合に大きくなる

$$UCB1 = (w/n) + (2 \log t/n)^{1/2}$$

n ：この局面の総プレイアウト回数
w ：この局面の勝ち数
t ：兄弟ノード全体の総プレイアウト回数

Step 2（展開）：探索ノード数が一定数（n_{thr}）を超えたら、子ノードを展開

Step 3（評価）：プレイアウトを実施

Step 4（更新）：勝敗を各ノードに更新しながら、木を昇る

図4.12 モンテカルロ木探索とは

以上の Step 1〜Step 4 のシミュレーションを、制限時間一杯まで繰り返し、最終的に最も試行回数の多いノードを選択するというのがモンテカルロ木探索の流れです。

原始モンテカルロと比較すると、Step 1 で有望な手を選ぶことで、有望な手を中心にプレイアウトを実行し、かつ多くプレイアウトしたノードについては、Step 2 で子ノードに展開することで、結果として、有望な手を深く探索できます。

Step 1：子ノードの選択処理

　次に各処理を細かく見ていきましょう。子ノードの選択処理では、UCB1（バイアス＋勝率）を最大化する手を選択します。

　ここで勝率はこの局面以下のプレイアウトによる勝率を表し、黒番局面の場合は黒の勝率、白番局面の場合は白の勝率とします。

　一方、バイアスは勝率の信頼区間の幅を表し、試行回数（このノードを含む兄弟ノード全体の総プレイアウト回数）が少ない場合に大きくなります。UCB1を用いることにより、「基本的には勝率の高い手を選ぶが、試行回数が少ない間は別の手も試してみる」ということが結果的に実現されます。その結果、3.3節の多腕バンディット問題の場合と同様、確率的なバラつきに左右されない安定的な探索が可能となります。これは強化学習における、利用と活用のトレードオフのゲーム木版と言えます。

　例えば、図4.13 の例において、ルートノードn_1で Step 1 を迎えた場合は、勝率の高いb_2ではなく、UCB1値が大きいb_1を選びます。b_1のUCB1値が大きくなるのは、試行回数が少ないために、バイアスが大きくなるためです。

　なお一度も探索されていない試行回数が0のノードはバイアスが無限大となり、最優先で選択されることになります。結果として、すべての子ノード（すべての合法手）をまずは1度ずつ探索した後に、UCB1が大きいノードを順に探索するような挙動となります。

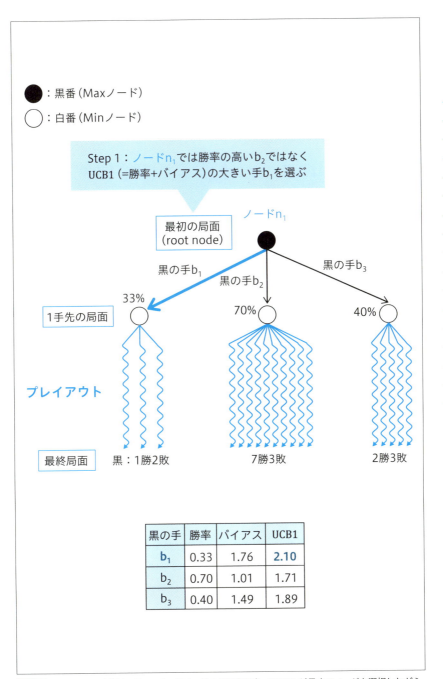

図4.13 モンテカルロ木探索（Step 1：子ノードの選択処理）。UCB1が最大のノードを選択しながら、ルートノードからリーフノードまでたどる

Step 2：新しいノードの展開処理

次の Step 2 の、新しいノードの展開処理は、試行回数が閾値 n_{thr} 回（例えば $n_{thr}=10$）を超えたノードの子ノードを展開する処理です。Step 1 の選択方法と合わせると、結果的に、UCB1 の大きい有望な子ノードがより深く展開されていくこととなります。なおここでは、一度も探索されていない子ノードも含めてすべての子ノード（すべての合法手）を展開。

> **Column │ うま過ぎる手には注意せよ**
>
> 余談ですが、将棋の格言に「うま過ぎる手には注意せよ」というものがあります。「よさそうな手は、まずは疑ってみてもう少し先まで調べてみよ」ということであり、UCB1 の感覚と近いです。人間の直観にもあった合理的な手法でしょう。

この結果、ゲーム木は重要そうな手を中心にどんどんノードを深く展開し、成長していくような挙動となります。このノードが展開された範囲においては、最善手が1個しかないような場合にも、最善手を中心にノードが展開されることになり、原始モンテカルロの場合と比べると正確な評価を返すことができます。したがって相手のよい手を選べない、という原始モンテカルロの課題を緩和できます。

例えば、図4.14 の例で、ルートノードで Step 2 を実行する場合、ノード n_2 の試行回数が合計10に到達したため、子ノードに展開します。なおこの例は、もう1手展開すると、白の手 w_1 の場合の黒の勝率は4勝1敗の80%、白の手 w_2 の場合の黒の勝率は1勝4敗の20%と勝率に大きな差があるとしましょう。これは 図4.10 で説明した、見かけの黒の勝率が高いものの、実は白が正確に打つと白が勝ちやすい、という例に相当しています。

この場合に、1手深く展開されることで、1手後の白番では（白番の）勝率が高い白の手 w_2 が重点的に選択されることとなります。結果、w_2 の後の黒番から見た勝敗は、1勝4敗から、1勝5敗、1勝6敗、と徐々に悪化していきます。ランダム探索の結果では50%であった黒番ノード n_2 の見かけの勝率が徐々に下がっていき、ミニマックス木の評価に近い、適性な勝率に収束していくことが期待できます。

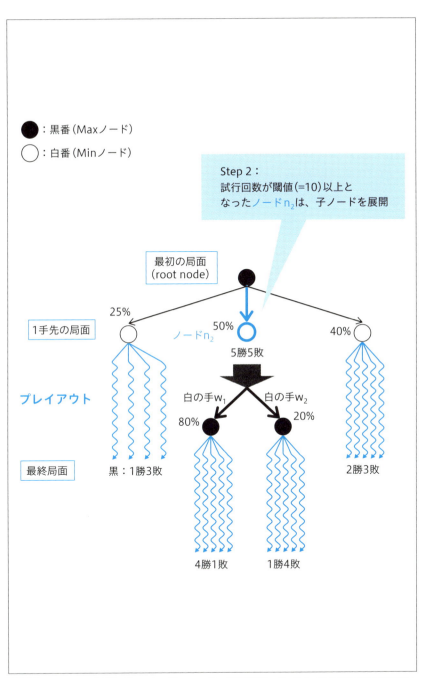

図4.14 モンテカルロ木探索（Step 2：新しいノードの展開処理）。リーフノードの試行回数が閾値以上の場合は、子ノードに展開し、もう一段木を降りる

Step 3：子ノードの評価処理

　次の Step 3 の子ノードの評価処理では、展開された最後のノードからプレイアウトを実施します（図4.15）。各局面では、よい手を優先的に生成するような確率モデル（例えばロールアウトポリシー）にしたがって手を生成します。

　確率モデルを用いることで、もっともらしい手順を実現できるのはもちろん、毎回異なる手順のプレイアウトを実行できる効果もあります。

　囲碁の場合、たとえランダムに近い手を互いに打ち続けたとしても、自分の眼は埋めない、という程度のルールを設けておけば、大抵の場合は400〜500手以内には終局します。終局まで手を展開できたら、中国ルールに基づき勝ち負けを判定します。

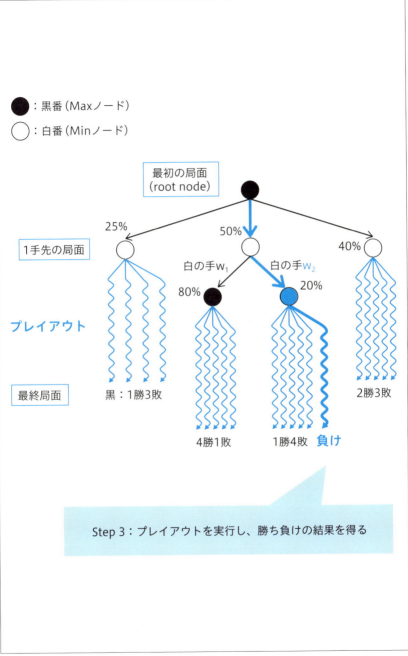

図4.15 モンテカルロ木探索（Step 3：子ノードの評価処理）。リーフノードからプレイアウトを実行し、勝ち負けの結果を得る

Step 4：探索結果の更新処理

　最後に、Step 4の探索情報の更新処理では、プレイアウトの結果をゲーム木に記録します。末端のリーフノードだけではなく、ノードを1個ずつたどってルートノードに至るまでの各ノードについても勝ち数と試行回数を更新します（ 図4.16 ）。

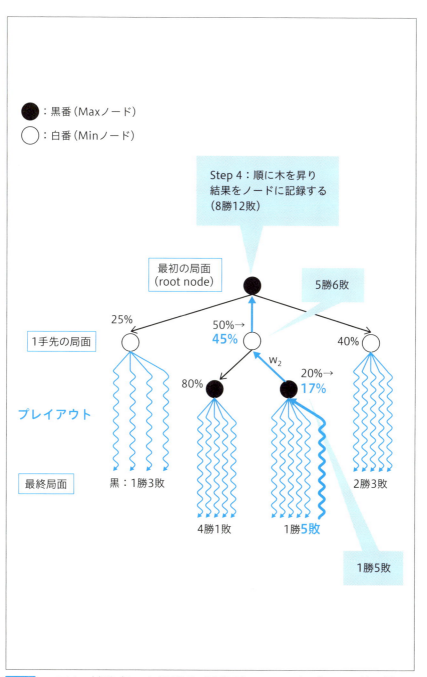

図4.16 モンテカルロ木探索（Step 4：探索結果の更新処理）。リーフノードのプレイアウト結果（今回は「負け」）を、木を昇りながら各ノードに記録する

4.4.4　モンテカルロ木探索の結果と最終的な手の探索

　モンテカルロ木探索では、以上のStep 1～4からなるシミュレーションを十分な回数繰り返します。制限時間を予め定めておき、時間がきたら打ち切るという方針をとることが多いです。

　シミュレーションがすべて終わると、図4.17のような木が得られます。最終的に得られる木は、例えば手b_2以下の重要な手順は深くまで展開されています。一方、勝率が低い手b_1は1手しか展開されません。これは最初に説明した原始モンテカルロと比べると大きな違いです。

　原始モンテカルロでは、1手先まで木を展開し、後はプレイアウトの勝敗により勝率を求める手法でした。したがって図4.17の例では、ノードn_1、n_2、n_3以下はランダムに探索し、その勝率によりb_1、b_2、b_3のいずれかを選びます。

　一方モンテカルロ木探索では、例えばn_2以下は、ノードn_4、n_5、n_6まで展開されており、これらのプレイアウトの勝敗の合計で手b_2を評価します。n_4、n_5、n_6などのリーフノードは、モンテカルロ木探索の展開処理の結果として得られる重要なノードであると考えられます。また、黒番局面も白番局面も共に含むことから、これらを合計すれば、n_2の勝敗をより正確に導けると言えるでしょう。

　モンテカルロ木探索では、この探索結果を元に、勝率に基づいて次の一手を選択します。ただし厳密に言うと、勝率が最も大きい手ではなく、試行回数（勝ち数＋負け数の合計）の最も多い手を選ぶことが、よりよいとされています。この点は、やや意外な考え方かもしれませんので、少し補足します。モンテカルロ木探索では、大抵の場合、勝率の高いノードと試行回数が最も多いノードは一致します。実際、選択処理において、UCB1を使う場合、十分試行回数が多い場合は、最善手のプレイアウトの回数が最大となることが、理論的に保証されています（MEMO参照）。

MEMO｜理論的に保証されていることを示す論文

『**Finite-time Analysis of the Multiarmed Bandit Problem**』
(Peter Auer、Nicolò Cesa-Bianchi、Paul Fischer、『Machine Learning』(47, P.235–256)、2002)
URL https://link.springer.com/article/10.1023/a:1013689704352

ただし実際の探索では、一定の回数で打ち切るため、たまに試行回数の少ない
ノードの勝率が一時的に高くなってしまう場合があり得ます。このような場合に、
仮に勝率が高くても試行回数が少ないノードは信用できないため、勝率よりも試行
回数のほうを重視していると考えればよいでしょう。

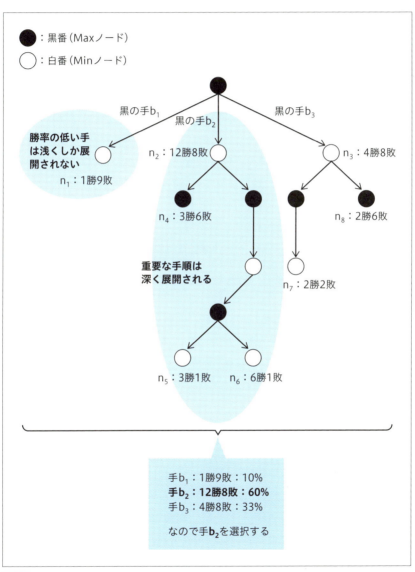

図4.17 モンテカルロ木探索（最終的な手の選択処理）。ルートノードの子ノードの中で、最も試行回数が多い手b2を選択する

4.4.5 モンテカルロ木探索の改良

重要な手を深く探索できるモンテカルロ木探索は、原始モンテカルロよりも圧倒的に有力な手法であり、同一思考時間で対戦させるとモンテカルロ木探索が98％勝つという報告もあります（MEMO参照）。

> **MEMO** | 参考書籍
> 『コンピュータ囲碁—モンテカルロ法の理論と実践—』
> （美添 一樹、山下 宏著、松原 仁 編集、共立出版、2012年）

2006年にモンテカルロ木探索を初めて導入した囲碁ソフト『CrazyStone』（MEMO参照）は、他ソフトに対し、圧倒的な強さを示しました。その後もモンテカルロ木探索は改良が続けられて、囲碁AIがアマチュアトップレベルに達する原動力となりました。次項からそのアイデアのいくつかを挙げておきます。

> **MEMO** | CrazyStone
> レミ・クーロンにより開発された強豪囲碁AIの1つです。モンテカルロ木探索を初めて採用したプログラムでもあります。アルファ碁論文では、アルファ碁のイロレーティングが3140点に対し、CrazyStoneは1929点として言及されています。

プレイアウト数を増やすほど強くなる

プレイアウトの数を増やすと、勝率の精度が上がり、また木を深く展開できるので、囲碁AIの強さにつながります。そのためにはまず、自分の眼は埋めない、大差がついたら探索を打ち切る等の工夫により、なるべく早くプレイアウトを終わらせる工夫が重要です。

また探索の並列化によりプレイアウトを増やすことも有効です。さらに各ノードの勝敗を、本当の勝敗だけではなく、別のノードの同じ手の勝率を足し込んでしまうことで、見かけのプレイアウト数を増やす手法も知られています。これはRAVE (Rapid Action Value Estimate)（MEMO参照）と呼ばれ、モンテカルロ木探索を使う囲碁プログラムではよく使われる手法ですが、アルファ碁は使っていないとのことです。

> **MEMO** | **RAVE（Rapid Action Value Estimate）**
>
> 　これまで説明したモンテカルロ木探索では、プレイアウトの結果、勝率の情報が更新されるのは、（プレイアウト部分を除く）ゲーム木の中で現れた手だけとなっています。これに対し、RAVEは、プレイアウトの中で打たれたすべての（勝った手番の）手について、ゲーム木の中でもよい手であるとみなして、勝率情報を更新してしまう方法です。
>
> 　1回のプレイアウトが200手であるとすると、通常のモンテカルロ木探索では、各ノードにおいて1個の手でしか勝率が更新されませんが、RAVEでは勝った手番の100個の手で勝率を更新できるため、見かけの木の評価速度を上げることができます。
>
> 　AMAF（All Moves As First）もほぼ同じ意味で使われます。

プレイアウトの質を高めるほど強くなる

　モンテカルロ木探索において、プレイアウトの質を上げるためには、手の選択時に、ランダムではなく、ありそうな手をより高い確率で生成することが重要です。具体的には、手の選択時に、ロールアウトポリシーを使うことが有効です。ロールアウトポリシーの一致率は24％に留まっていますが、完全にランダムな場合と比べれば、プレイアウトの質ははるかに高くなります。

重要な手順をより深く展開するほど強くなる

　モンテカルロ木探索において、UCB方策をそのまま使う場合、すべての子ノードを一度は探索してしまうことになります。このことは、読み抜けがなくなるというメリットがある一方で、無駄な探索が増えてしまうというデメリットでもあります。

　手の候補が数百個もある囲碁の場合、この無駄は馬鹿になりません。これに対し、木が浅いうちは優先度を決めて新しく生成する子ノードの数を事前に絞り込み、木が深く展開してきた後で、少しずつ展開する子ノードの数の幅を広げていくという手法が知られています。この手法はプログレッシブワイドニング（progressive widening）（MEMO参照）と呼ばれています。

MEMO｜プログレッシブワイドニング（progressive widening）

　　囲碁の場合、最大361手の候補手がありますが、モンテカルロ木探索において361個の候補手すべてを子ノードとして展開してしまうと、木を深く探索する速度が遅くなるという問題があります。

　そこでプログレッシブワイドニングでは、プレイアウト回数が10000に達するまでは、子ノードとして展開する数を20個以内に絞り込む、といったことを行います。逆に言うと、アルファ碁以前のモンテカルロ木探索では、これほどの絞り込みをしないと、深く木を展開することは難しかったということになります。

05 モンテカルロ木探索の成功要因と課題

ここでは、モンテカルロ木探索の成功要因と課題について説明します。

4.5.1 CrazyStone と Gnu Go

　モンテカルロ木探索を最初に実装した囲碁プログラム『CrazyStone』は、2007年の論文（MEMO参照）で、当時強いプログラムであった『Gnu Go』（MEMO参照）に勝ち越すことができたと述べています。モンテカルロ木探索におけるプレイアウトの勝敗は、一種の評価関数の近似となっていると考えられ、（アルファ碁以前の）囲碁の評価関数の開発が不可能と考えられていた状況からすると、大きなブレークスルーであったと言えます。結果、囲碁の問題をコンピュータが得意な探索の問題に落とし込むことができたことが、囲碁AIの躍進の原動力でした。

> **MEMO | CrazyStoneの論文**
>
> 『**Computing Elo Ratings of Move Patterns in the Game of Go**』
> （Remi Coulom、International Computer Games Association Journal 30、198-208、2007）
> **URL** https://www.remi-coulom.fr/Amsterdam2007/icgaj.pdf

> **MEMO | Gnu Go**
>
> 　Gnu Goは、フリーソフトウェア財団によって開発されている囲碁のフリープログラムです。モンテカルロ木探索が登場する以前は、強豪プログラムの1つとして知られていました。ただ、いまだにモンテカルロ木探索を使っていないことから、最近では囲碁プログラムのベンチマーク手法の1つとしての位置付けになっています。
> 　本書で参照しているアルファ碁論文では、イロレーティングが431点となっています。

4.5.2　たった1行で生まれ変わったCrazyStone

　ところで『CrazyStone』の開発者、レミ・クーロンによると、モンテカルロ木探索はたった1行の変更でものすごく強くなったと言います。その改良は、プレイアウトの返り値を「地の大きさの差」ではなく、「勝ちか負けか」に変更したことでした。「勝ちか負けか」よりも「地の大きさの差」のほうが、情報が多いため、一見するとよりよい評価が可能に見えます。情報を少なくしたほうがうまくいくとは、意外に感じられます。

　結果として、モンテカルロ木探索を採用した囲碁プログラムは、「地の大きさの差」を広げるのではなく、勝率を高くするような打ち方をするようになりました。つまり有利な時は優位を広げるというわけではなく、安全な手を（場合によっては必ずしも最善ではない手を）、不利な時は少しでも勝つ可能性が高い手を（場合によっては勝負手と言われる無理気味な手を）打つようになりました。イ・セドル九段との対戦を見る限り、この性質はモンテカルロ木探索を使っているアルファ碁にも引き継がれているようです。

　モンテカルロ木探索が、囲碁でうまくいった理由としては、次の点が挙げられます。

・囲碁では、将棋などと比べ、手の順序の重要性が低く、ランダムなシミュレーションでもそれほど問題ない
・囲碁では、一番よい手と二番目以下の手の価値の差が小さい
・囲碁では、ランダムな手を続けるだけでも、多くの場合終局に至る

その一方で課題としては、次の点が挙げられます。

・長い手数の読みが必要となる場面は苦手（攻め合いの手順など）
・探索の深いところで、最善手の価値がとび抜けて高い局面が内部ノードで現れる場面は苦手

モンテカルロ木探索は、囲碁における成功の後、意思決定を伴う幅広いゲームで利用されています。囲碁のように極めて合法手の数（MEMO参照）の多いゲームや、評価関数の設計が難しいゲームでは有効性が大きいです。

また、モンテカルロ木探索には、いつ思考を打ち切っても、その時点での最良の結果が得られる（これはエニタイム性と言われるよい性質）ことから、リアルタイム性の高いゲームにも有効です。

MEMO｜合法手の数

　ゲーム木を考える場合、合法手の数は枝分かれの数になります。この枝分かれの数は、分岐因子と呼ばれることもあり、ゲームの難しさの指標の1つになっています。

　また、思考部の開発がそれほど難しくないゲームに対しても、開発工数を削減できる可能性があります。なぜならモンテカルロ木探索を使えば、シミュレーション実行と勝敗の判定以外のゲームに関する知識が不要となり、設計・実装の手間を大幅に削減できるからです。またゲーム以外にも、プランニング、スケジューリング、最適化など、意思決定を伴ういくつかのタスクにおいて有効性が確認されています（MEMO参照）。

MEMO｜モンテカルロ木探索の応用に関するサーベイ論文

　モンテカルロ木探索の応用に関しては、次のサーベイ論文にまとめられています。ボードゲームなどのゲームに対する応用が中心ですが、プランニング、スケジューリング、最適化に対する応用についても述べられています。

『A Survey of Monte Carlo Tree Search Methods』
（Cameron Browne, Member, IEEE, Edward Powley, Member, IEEE, Daniel Whitehouse, Member, IEEE, Simon Lucas, Senior Member, IEEE, Peter I. Cowling, Member, IEEE, Philipp Rohlfshagen, Stephen Tavener, Diego Perez, Spyridon Samothrakis and Simon Colton、IEEE Transactions of Computational Intelligence and AI in Games vol. 4, P.1-43, 2012)
URL http://mcts.ai/pubs/mcts-survey-master.pdf

06 まとめ

本節では、本章の内容をまとめます。

4.6.1 探索

本章では、候補手を次々に展開したゲーム木を作り、その中で最良の手を選択する「探索」の考え方を説明しました。探索においては、より深く探索すること、より精度の高い評価関数を利用することが共に重要です。

将棋やチェスにおいては、より深く、より評価関数の精度を高めるという方向性のしらみ潰し探索が成功してきました。一方、囲碁では、適切な評価関数の設計が難しいため、深い探索があまり意味をなさないという課題がありました。それに対して、プレイアウトを用いた勝敗シミュレーションに基づき勝率を決定し、この勝敗を評価関数とみなして探索を行うモンテカルロ木探索と呼ばれる手法が2006年に開発されました。この結果、囲碁AIはアマチュアトップレベルまで強くなったのです。

Chapter 5

アルファ碁の完成

直観力のディープラーニング、経験に学ぶ強化学習、先読みが得意な探索、3つの道具をうまく組合せることでアルファ碁は完成します。いかにしてSLポリシーネットワークやバリューネットワークをモンテカルロ木探索に組込むか、また膨大なCPU、GPUをいかに活用するか、これまでの技術の粋を集めた、アルファ碁の強さの秘密に迫ります。

01 アルファ碁の設計図

ここでは、これまでの章で述べた、モンテカルロ木探索、ポリシーネットワーク、バリューネットワークという3つの優れた評価手法を使って、いかにしてアルファ碁を作り上げていくか、その設計図を描いていきます。

5.1.1 アルファ碁の材料

第4章で述べた通り、囲碁の探索手法として、モンテカルロ木探索という優れた手法が生み出されました。それに加えて今や、有望な手を直観的に判断できるポリシーネットワークと、局面の勝率を評価できるバリューネットワークという2つの強力な武器を手にしています。これらをいかに活用すればよいでしょうか？

その前にまずは、ロールアウトポリシー、ポリシーネットワーク、バリューネットワークという3つのポリシーについて復習しておきましょう。

図5.1 のように、まずロールアウトポリシーは、特徴を人手で作り込む従来型の機械学習によって作られた、次の手を予測するモデルでした（1.4.6項参照）。

次のポリシーネットワークも、手を予測するという目的は同じですが、畳み込みニューラルネットワーク（CNN）を、強いプレイヤの棋譜を元に学習させて作るものでした。この結果、強いプレイヤの手を57％も予測できる驚異的な成果を挙げました（2.3.3項）。

最後にバリューネットワークはこれらとは異なり、局面の勝率を予測するCNNでした。このバリューネットワークも学習手法は、ポリシーネットワークと同様なのですが、学習データとして、強化学習させたポリシーネットワークによる自己対戦結果を利用する点が画期的でした。結果バリューネットワークは、これまで不可能とされた囲碁の評価関数を実現しました（2.3.10項）。

アルファ碁では、これらの材料を巧みに組合せていきます。ただし個々の要素技術が優れていても、うまく全体を制御するAIがなければ、囲碁AIは力を発揮できません。そこで本章では、『全体を制御するAI』について見ていきます。

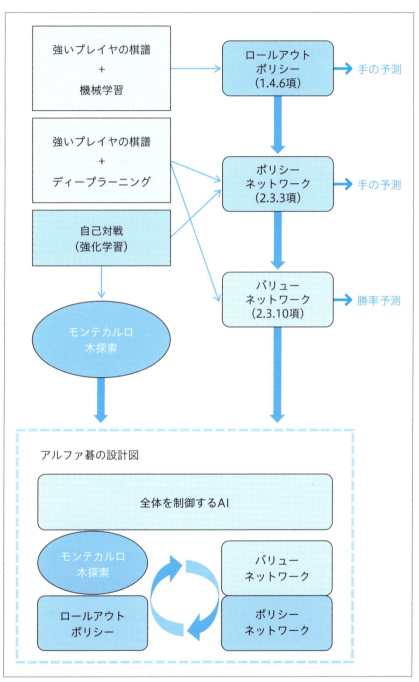

図5.1 3つのポリシーの成り立ちとアルファ碁の設計図

5.1.2 全体を制御するAI

「全体を制御するAI」についてもう少し考えましょう。

モンテカルロ木探索が生まれる前の囲碁AI

まずモンテカルロ木探索が生まれる前の囲碁AIを見てみましょう（**図5.2**（a））。

当時は、死活を評価する機能や、周辺を見て決まった手順を生成する機能（定石生成機能）といった、個別の評価技術に関しては、ある程度の精度のものができていましたが、残念ながらそれらを統合する技術がありませんでした。そのため、プログラマが、これらの技術を組合せ、全体を統合するロジックを作り込むしかありませんでした。

ただし囲碁の場合、複数の評価をバランスさせるための指針作りが難しい面があります。というのも、局面によっては、死活を優先するべきか、定石を優先させるべきかが変わってきますし、実際にはその中間のような手が最善となることも多いからです。

このような「バランスの調整」は人間にとっては得意領域ですが、AIにとっては難しい問題です。そのため当時においては、強い囲碁AIを作ることはできませんでした。

モンテカルロ木探索の登場した後の囲碁AI

しかし、この状況はモンテカルロ木探索の登場により一変します（**図5.2**（b））。

モンテカルロ木探索の場合は、評価のための指標はUCB1（＝シミュレーションによる勝率＋バイアス）だけしかありません。このように指標を一元化してしまえば、「全体を制御するAI」は、シミュレーションを繰り返し、指標の精度を上げることだけに専念できます。コンピュータの速度を活かし、力業に持ち込むことが、囲碁AIが強くなる原動力となりました。

さて、アルファ碁は、モンテカルロ木探索以外にも、ポリシーネットワークとバリューネットワークという2つの素晴らしい評価指標を手にしました（**図5.2**（c））。しかし、今度はこの三者三様の指標をいかにバランスよく使って全体を制御するかということが重要になってきます。

(a) モンテカルロ木探索以前の時代（〜2006）

全体を制御するAI：プログラムによる作り込み

- 死活判定機能
- 定石生成機能
- …

(b) モンテカルロ木探索の時代（2006〜2016）

全体を制御するAI：シミュレーションを繰り返す

- モンテカルロ木探索
- UCB1（＝勝率＋バイアス）による評価

(c) アルファ碁（2016〜）

全体を制御するAI：APV-MCTS
（非同期方策価値更新モンテカルロ木探索）

- モンテカルロ木探索

- ポリシーネットワーク

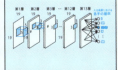

- バリューネットワーク

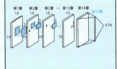

図5.2 囲碁AIの進化と『全体を制御するAI』の役割の変遷

アルファ碁は、これに対し、モンテカルロ木探索にポリシーネットワークとバリューネットワークを巧みに組込む手法を編み出しました。しかもCPUとGPUの得意領域を組合せることで、非常に賢い並列化の手法まで編み出しました。

こういったことは、最終的にできたアルゴリズムを見るだけでは、なかなかその凄さを読み取れませんが、少し以前の状況を考えると凄さを理解できるかもしれません。

実際CNNを活用することで、手の予測ができそうなことは数年前からわかってきていましたが、それにより囲碁AIがここまで強くなるとは、多くの研究者は考えていませんでした。なぜなら、「CNNによる予測は時間がかかり過ぎ、モンテカルロ木探索には役立たない」と考えられていたからです。今となっては、CNNなしの囲碁AIはまったく想像できないですが、少し前までは、誰もが適用困難と考えていたわけです。一見すると誰でも可能なことでも、初めてそれを行うのは難しいという意味で、まさにコロンブスの卵です。

少し前置きが長くなってしまいましたが、次の節からは、具体的なアルゴリズムを見ていきましょう。引き続き5.2節では、全体を制御するAIのアルゴリズムとしてモンテカルロ木をベースに開発された非同期方策価値更新モンテカルロ木探索（APV-MCTS）という手法について見ていきます。また5.3節では、APV-MCTSにおいて、多数のCPU・GPUを利用して巧みに並列処理する技術について見ていきます。

02 非同期方策価値更新モンテカルロ木探索（APV-MCTS）

 ここでは、アルファ碁の「全体を制御するAI」である非同期方策価値更新モンテカルロ木探索（APV-MCTS）の詳細について説明します。

5.2.1 3つのポリシーの特長

最初に、ポリシーネットワーク、バリューネットワーク、ロールアウトポリシーという3つの局面評価手法を比較してみましょう（ 図5.3 ）。

前提となる情報

まずロールアウトポリシーは評価の精度が低いものの、2マイクロ秒程度と格段に速く局面を評価することができます。一方、ポリシーネットワークやバリューネットワークは評価の精度が高いのですが、1局面の評価に5ミリ秒程度の時間がかかってしまいます。1マイクロ秒は1秒の100万分の1、1ミリ秒は1秒の1000分の1なので、2500倍の開きがあるということです。

プレイアウト中に利用できるもの

これらの情報を元に、まずはプレイアウト中の手の選択に使えるものはどれなのか考えてみましょう（ここでプレイアウトによる終局までの手数は200手と仮定します）。

まずバリューネットワークは、局面の勝率を求めるだけなので、役に立ちそうにありません。それではポリシーネットワークはどうでしょうか？ ポリシーネットワークを使う場合、プレイアウト1回にかかる時間は5ミリ秒×200手 ＝ 1.0秒となり、何と1回プレイアウトするだけで1秒もかかってしまいます。

一方、ロールアウトポリシーを使う場合、2マイクロ秒×200手 ＝ 0.4ミリ秒です。これならば、1秒間に2,500回程度プレイアウトすることができます。ゲームAIは速度が命です。1秒間当たりの探索量をどうしたら増やせるかを考えるとうまくいくことが多いです。

(a) 3つのポリシー

・**ロールアウトポリシー：**
ロジスティック回帰により、高速に各候補手を選択する確率を与える
→プレイアウトに利用

・**ポリシーネットワーク：**
CNNにより、各候補手を選択する確率を与える

・**バリューネットワーク：**
CNNにより、ある局面の勝率予測値を与える

→ ノードの選択・
展開処理に利用

(b) 各ポリシーの特長

	ロールアウト ポリシー	ポリシー ネットワーク	バリュー ネットワーク
利用するモデル	ロジスティック回帰	13層のCNN	15層のCNN
1局面評価にかかる時間	2マイクロ秒	5ミリ秒	5ミリ秒（推定）
1回のプレイアウトに かかる時間 （終局までの手数を 200手と仮定）	0.4ミリ秒	1.0秒	―
1秒間にプレイアウト できる回数	約2500回	約1回	―
一致率	24%	57%	―

図5.3 3つのポリシーの比較。ロールアウトポリシーは、高速だが一致率が低い。一方、ポリシーネットワーク、バリューネットワークは計算時間がかかる

次に、モンテカルロ木探索の選択や展開の処理に、ポリシーネットワークやバリューネットワークは使えるでしょうか？　実は、今度は使える可能性があります。というのもプレイアウト1回には、（ロールアウトポリシーでも）0.4ミリ秒かかるからです。これはポリシーネットワークの評価時間5ミリ秒の1/10程度です。つまりプレイアウト10回の間に、ポリシーネットワークの評価が終わるということです。

　実際、アルファ碁 では、40回プレイアウトするごとに、新しいノードが1個ずつ増えていくペースなので、あるノードに対する処理は、0.4ミリ秒×40回 =16ミリ秒くらいかけてもよいことになります。そうすると、この間に精度の高いポリシーネットワークやバリューネットワークの処理を実行できます。

　ただし、最初にノードを作った時点では、まだ、ポリシーネットワークによる最善手や、バリューネットワークによる勝率予測値は得られていないことに注意してください。細かいことですが、これらがなくても正常に動作するようにしておかないといけないのです。

5.2.2 非同期方策価値更新モンテカルロ木探索

　ここまでの予備知識を元に、アルファ碁の探索手法である、非同期方策価値更新モンテカルロ木探索（APV-MCTS：asynchronous policy and value MCTS algorithm）を説明していきます。

　APV-MCTSは、基本的にはモンテカルロ木探索をベースとしていますが、これまでにない次の3つの特徴を備えています（図5.4）。

- ・バイアス計算における、SLポリシーネットワークの利用（バイアス評価の改善）
- ・プレイアウトの勝率とバリューネットワークを併用することによる勝率評価の改善
- ・多数のCPU・GPUの利用による高速化

　最後の、多数のCPU、GPUの利用は後に回すとして、まずは1個のCPUによる一連の処理として、APV-MCTSの流れを見てみましょう（図5.5）。

　従来のモンテカルロ木探索のフロー（図4.11）と同様、選択、展開、評価、更新の4つの操作を繰り返します。従来と異なる部分は図5.5に太字で示しました。

　なおAPV-MCTSによる探索では、初期局面では1秒間に約1000回のシミュレーション（プレイアウト）ができるとのことです。

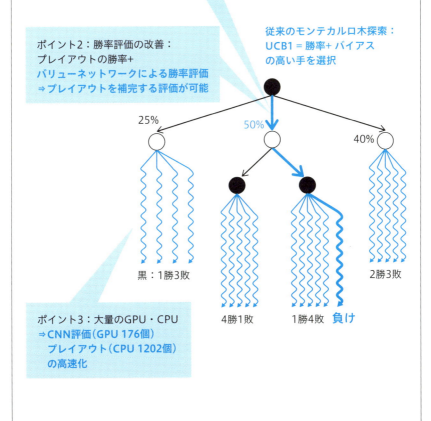

図5.4 従来のモンテカルロ木探索に対するアルファ碁の改良点

Step 1（選択）：局面 s において $Q(s,a)+u(s,a)$ が最大となる子ノード a をたどって木を降りる

勝率：
モンテカルロ木による勝率と
バリューネットワークによる
勝率とを統合

バイアス：
従来のバイアスに加え、
SLポリシーネットワーク
による手の事前確率を考慮

バリューネットワーク
による勝率

モンテカルロ
木探索による
勝率

$$Q(s,a) = (1-\lambda) \frac{W_v(s,a)}{N_v(s,a)} + \lambda \frac{W_r(s,a)}{N_r(s,a)}$$

$$u(s,a) = P(s,a) \frac{\sqrt{\sum_b N_r(s,b)}}{1 + N_r(s,a)}$$

SLポリシーネットワーク
による事前確率

探索回数が少ない場合に大きくなる
→従来のバイアス項に相当

Step 2（展開）：探索ノード数が一定数を超えたら、子ノードを展開
　　　　＋新しいノードを作る際にポリシーネットワーク・
　　　　バリューネットワークの値を計算

Step 3（評価）：プレイアウトを実施
　　　　＋バーチャルロスを利用して、プレイアウト開始ノードを調整

Step4（記録）：勝敗を各ノードに記録しながら、木を昇る
　　　　＋非同期に更新できるようにロックレスハッシュを利用

図5.5 非同期方策価値更新モンテカルロ木探索（APV-MCTS）の詳細。なお **図4.12** の通常のモンテカ
ルロ木探索の説明と比較すると、ポリシーネットワークとバリューネットワークの情報を利用して選
択処理の精度を高めていることがよくわかる

5.2.3 APV-MCTSの選択処理

　まず選択処理では、従来同様、リーフノードに至るまで、（勝率＋バイアス）を最大化する手を選択して木を降りていきます。APV-MCTSでは、$Q(s,a)$の部分が勝率に、$u(s,a)$部分がバイアスに相当します。

　バイアス$u(s,a)$の計算は、「従来のバイアス項」と「ポリシーネットワークによる確率」の積として表されます。このうち、「従来のバイアス項」部分は、通常のモンテカルロ木探索と同様、当該ノードの試行回数が少ないうちは大きな値となります。

　アルファ碁では、ポリシーネットワークで計算して導いた手がよい手である確率（事前確率）を掛けて、このバイアス項を補正しています。したがって、事前確率の低いほとんどありそうのない手の生成は、仮に従来の意味のバイアスが大きくても、優先度が低くなります。結果、従来のモンテカルロ木探索において、どんなにありそうにない子ノードでも、必ず1回はプレイアウトされてしまう無駄が、緩和されます。この手法は、プログレッシブワイドニング（4.4.5項参照）の自動チューニング版ということもできるかもしれません。

　また勝率$Q(s,a)$の計算では、バリューネットワークの勝率と、プレイアウトによる勝率とを平均することで、精度を上げている点に特長があります。具体的には、勝率$Q(s,a)$を、バリューネットワークによる勝率と、プレイアウトの勝率とを重み係数λを利用して平均したものを採用しています。

　なお、ポリシーネットワークやバリューネットワークの計算を並列化した場合は、ポリシーネットワークやバリューネットワークの計算結果が間に合わず、使えない場合もあり得ます。そこで、ポリシーネットワークの値がない場合はツリーポリシー（これは、ロールアウトポリシーよりも少し特徴を増やして学習させたもの）の出力確率で代用します。また, バリューネットワークの値がない場合は、プレイアウトの勝率で代用します。

　以上の改良により、ほとんどありそうのない手や勝率の低い手の展開は抑制できます。逆に、ありそうな手順や勝率の高い手をより深く展開できることが期待できます。

5.2.4 APV-MCTSの展開処理

　次にAPV-MCTSの展開処理では、従来のモンテカルロ木探索と同様、試行回数が閾値n_{thr}以上となった場合に、新しいノードを作成します。ただし、APV-

MCTSでは、新しいノードを作るたびに、ポリシーネットワークとバリューネットワークの値を計算する点が異なります。

なお、複数のCPU、GPUで動作させる場合は、待ち時間が生じないようにするため、CPUによるプレイアウト速度とGPUによるポリシーネットワーク、バリューネットワークの処理速度を合わせる必要があります。そこで、初期値が40である新ノード生成の閾値n_{thr}を動的に調整しています。具体的には、GPUの待ち行列が長くなった場合はn_{thr}を増やすことで、新ノードの生成速度を落とします。

逆に、GPUが待機状態になった場合にはn_{thr}を減らすことで、新ノードの生成速度を上げています。

5.2.5　APV-MCTSの評価処理

次にAPV-MCTSの評価処理は、従来のモンテカルロ木探索と同じくプレイアウトを実行します。各局面では、ロールアウトポリシーの確率にしたがって手を生成して、終局まで手を展開し、中国ルールに基づき勝ち負けを評価します。勝ち負けはz（勝ちの場合1、負けの場合-1）で表しています。バリューネットワークによる評価結果も同様に-1.0以上1.0以下の値vとして登録されます。

なお、本書が参照しているアルファ碁論文では、負けの場合を-1としていますが、負けを0としたほうがW_r/N_rやW_v/N_vを勝率とみなすことができ、わかりやすいです。本書では簡単のためW/Nを勝率と呼ぶことにします。

5.2.6　APV-MCTSの更新処理

最後にAPV-MCTSの更新処理では、従来のモンテカルロ木探索と同様に、ルートノードに至るすべてのノードについて、プレイアウトの勝敗をゲーム木に反映します。

具体的には、プレイアウト結果については、総試行回数N_rは、$N_r \leftarrow N_r + 1$により更新し、勝ち数W_rは、$W_r \leftarrow W_r + z$により更新します。また、バリューネットワーク結果についても同様に、総試行回数N_vは、$N_v \leftarrow N_v + 1$により更新し、勝率の和W_vは、$W_v \leftarrow W_v + v$により更新します。結果として、あるノードのN_r、N_vにはそのノード以下の試行回数の合計が、W_r、W_vにはそのノード以下の勝率の合計の合計値が格納されます（図5.6）。

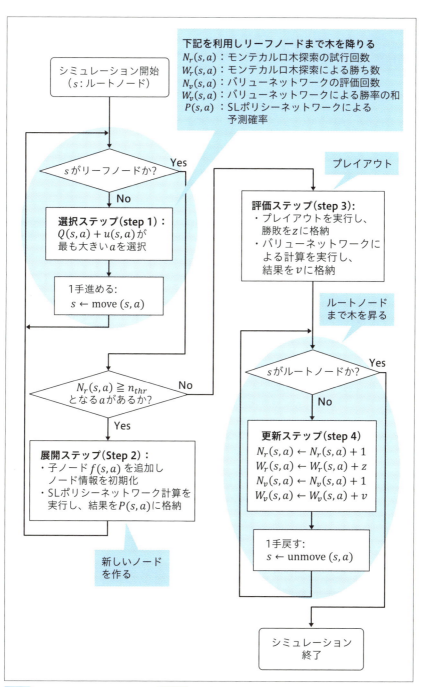

図5.6 APV-MCTSのフローチャート。**図4.11**の通常のモンテカルロ木探索のフローチャートと比較すると、プレイアウトの勝率とバリューネットの勝率をうまく併用している点がよく現れている

03 大量のCPU・GPUの利用

ここまで、APV-MCTSの探索を1CPUによるシーケンシャルな処理として説明してきましたが、実際には、多数のCPUとGPUが非同期に並列動作しています。本節では、アルファ碁の並列化の内容と、並列化に伴う問題点と対策について解説します。

5.3.1 大量のCPU・GPUによる並列探索

アルファ碁では、1202個のCPUと176個のGPUが協調動作して、次の一手を決定しています。したがって、ある時間断面を取ると、1202個のCPUと176個のGPUが同時に動いています。これを模式的に表すと、図5.7のようになります。

図5.7 CPUは選択、展開、評価、更新からなるシミュレーション処理を実行する。GPUは展開処理の中のSLポリシーネットワークとバリューネットの計算処理を実行する。1202個のCPUと176個のGPUによる並列処理（MEMO参照）

> **MEMO | 並列処理**
>
> 並列処理の動作は、複数のCPUではなく複数のスレッドが動いているとすべきですが、ここでは煩雑な議論を避けるためCPUをスレッドと同一視して説明します。また1台のマシンではなく、複数マシンのクラスタ構成とする場合は、マシン間の情報の共有が必要になり、さらに複雑な環境構築が必要となりますが、ここでは詳細には踏み込まないこととします。

　それぞれのCPUは、選択（S：Selection）、展開（X：Expansion）、評価（E：Evaluation）、更新（B：Backup）の4ステップからなるシミュレーション処理を実施します。そして、1回のシミュレーションが終わると、またその時の最新のモンテカルロ木の情報を利用して、次のシミュレーションを実施する、という動作を繰り返します。なお選択、展開、および更新の処理は、その時点のモンテカルロ木の情報（各ノードにおける勝敗、バリューネットワーク・ポリシーネットワークの評価結果など）を読み書きする必要があることに注意してください。

　この一連のシミュレーション処理（一連のS、X、E、B）は、モンテカルロ木の情報を読み書きする部分を除くと、独立して動くことができます。ここでそれぞれのCPUが、待ち合せすることなく動けるということがポイントです。

　並列処理においては、無駄な待ち時間が性能低下につながるので、「待ち合せなく」並列動作にできるメリットは大きいと言えます。実際、待ち時間がなければ、CPUがN個の場合、CPU1個の場合よりも、同じ時間でN倍のシミュレーション回数を実行できます。このようにモンテカルロ木探索では、シミュレーションの回数を増やすことが非常に重要であるため、1202個のCPUを使うことで処理速度が1202倍になる効果は絶大です。

　一方、176個のGPUは、新しいノードが生成するたびに（つまり、CPUが展開処理を行うたびに）ポリシーネットワークとバリューネットワークの評価計算を実施しています。こちらも、結果を書き込む処理を除くと、独立して繰り返し実施できます。したがってGPUも非同期に並列動作することができます。ただGPUの処理のトリガーは、新しいノードの生成なので、この生成の速度を調整しないと、待ちや渋滞が生じてしまいます。そこで5.2.4項で述べたような、新しいノードの生成速度を、閾値n_{thr}を通して動的に調整しています。

5.3.2 ロックレスハッシュ

APV-MCTSでは、CPUごとに、非同期にシミュレーション（S、X、E、B）を繰り返すということを既に説明しました。ただしAPV-MCTSでは、すべてのCPU、GPUが共通のモンテカルロ木の情報にアクセスするため、CPU、GPUはメモリを共有する必要があります。

メモリを共有する場合、同時アクセスの問題が生じます。例えば、あるCPUが一方でデータを書き込みながら、別のCPUが同じデータを読み出す場合、データが壊れてしまう可能性があります。

これに対し、一般には、あるCPUが共有メモリにアクセスする間は、共有メモリをロック（lock）し、他のCPUがアクセスできなくすることが多いです。ただし、この場合、他のCPUには無駄な待ち時間が生じることになります。CPUの数が少ない場合は、ロックの待ち時間による速度低下は大きな問題にならないことが多いです。一方、アルファ碁のように、1000個以上のCPUを使う場合、速度低下の影響は致命的です。

例えば共有メモリにアクセスする時間の、シミュレーション全体に占める割合が0.1％程度であったとしても、1000個CPUがあれば、常にメモリがロックされた状態になります。この場合、共有メモリの手前に、常に長い待ち行列が生じて、CPUの稼働率が下がります（図5.8）。これは、1000台のトラックで同時に荷物を運ぼうとしても、道路が1車線しかないと渋滞してしまい、結局効率が上がらない、といったことと似ています。並列化に際しては、稼働率を高く保てているかを常に気にしないといけません。

これに対しては、ロックレスハッシュ（lockless hash）と言われるテクニックが知られています（P.238のMEMO参照）。これはモンテカルロ木の情報を読み書きするメモリ領域（通常ハッシュと呼ばれるデータ構造が使われる）に対し、ロックをかけずに読み書きする手法です。このようなことをすると、普通はあるCPUが書き込んでいる最中に別のCPUが読み出すということが生じた場合に、データが壊れてしまう場合があります。

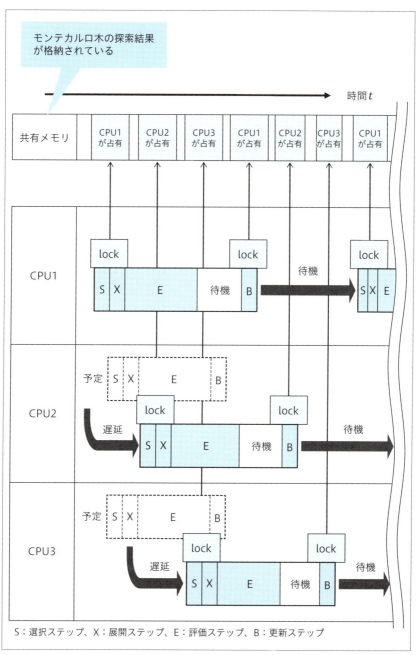

図5.8 共有メモリをロックにより排他制御する例。あるCPUがメモリをロックする場合、その間他のCPUは共有メモリにアクセスできず待機する。したがって他のCPUの処理は遅れ、無駄な待機時間が生じる

MEMO ｜ **ロックレスハッシュ（lockless hash）**

『**A Lock-free Multithreaded Monte-Carlo Tree Search Algorithm**』
(Markus Enzenberger and Martin Muller、Advances in Computer Games: 12th International Conference、2009)

　これに対して、ロックレスハッシュは、データアクセスを最小（atomic）単位でのみ行うことで、あるCPUが更新中のデータについては、他のCPUからは見えないようにするための工夫です。この最小単位の命令のみを使って共有メモリにアクセスする場合、読みながら書くということが生じなくなり、データが壊れる危険性はなくなります。

5.3.3 バーチャルロス

モンテカルロ木探索の並列化に伴うもう1つの課題について解説しましょう。複数のCPUがシミュレーションを行う場合に、例えば一定時間、モンテカルロ木の情報が更新されない場合を考えます。この場合、図5.9 （a）のように、次々とCPUがシミュレーションを開始しても、モンテカルロ木の情報がまったく同じであるため、同じリーフノードに到達し、同じリーフノードからプレイアウトを開始します。結果として、シミュレーションを開始するノードが、特定のノードに集中してしまう、という課題があります。

この対策として、バーチャルロスという手法が知られています。バーチャルロスでは、あるCPUがプレイアウトを開始する場合、この開始ノードに仮に負け数を n_{vl} 個加えておくという手法です。これにより、引き続き、シミュレーションを開始したCPUは、前のCPUが選択したノードを避け、別のノードからプレイアウトを開始するようになります。

例えば、$n_{vl} = 1$ の場合を考えます（図5.9 （b））。この時、最初のCPUは一番勝率の高いノードaからプレイアウトを開始しますが、この時点でバーチャルロス1敗分を足し込みます。結果、次のCPUは1番勝率が高いノードaではなく、見かけの勝率が高いノードbからプレイアウトを開始します。同様に、3番目のCPUは、ノードcからプレイアウトを開始します。このようにプレイアウトを開始するリーフノードの偏りをなくすことができます。

なおプレイアウト終了時には、バーチャルロス分を元に戻すことで、最終的には正しい勝敗に戻ります。

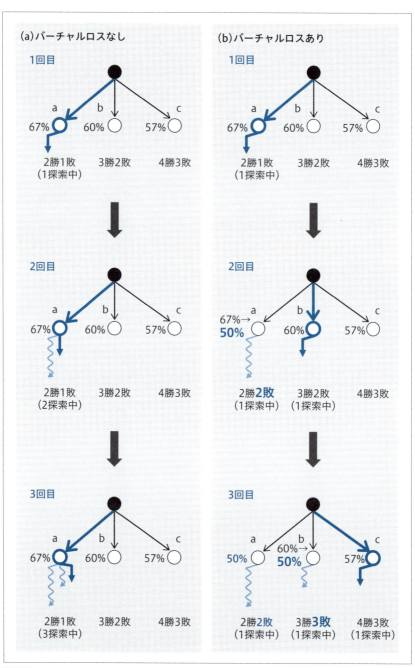

図5.9 バーチャルロスの有無によるモンテカルロ木探索の振る舞いの違い。(b) ではバーチャルロスの効果により、探索するノードをばらけさせることができている

04 アルファ碁の強さ

本節では、アルファ碁の強さについて説明します。またここまで述べてきたポリシーネットワーク、バリューネットワーク、モンテカルロ木探索のそれぞれの効果についても説明します。

5.4.1 モンテカルロ木探索、バリューネットワーク、ポリシーネットワークの組合せ効果

ここまでで、アルファ碁のモンテカルロ木探索であるAPV-MCTSについての説明はすべて終わりました。それでは、最終的にモンテカルロ木探索、バリューネットワーク、ポリシーネットワークの組合せ効果はどの程度だったのでしょうか？このことも本書で参考にしているアルファ碁論文の中で議論されています。

図5.10 に、2秒間の探索による、各手法単体および手法を組合せた場合のイロ

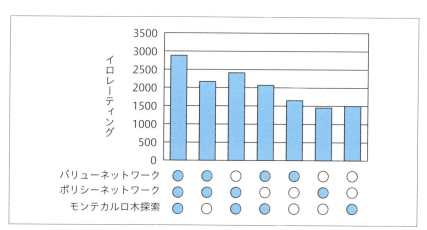

図5.10 ポリシーネットワーク、バリューネットワーク、モンテカルロ木探索の組合せによるイロレーティングの違い

出典：『Mastering the game of Go with deep neural networks and tree search』
（David Silver、Aja Huang、Chris J. Maddison、Arthur Guez、Laurent Sifre、George van den Driessche、Julian Schrittwieser、Ioannis Antonoglou、Veda Panneershelvam、Marc Lanctot、Sander Dieleman、Dominik Grewe、John Nham、Nal Kalchbrenner、Ilya Sutskever、Timothy Lillicrap、Madeleine Leach、Koray Kavukcuoglu、Thore Graepel、Demis Hassabis 、nature、2016）より引用
URL https://gogameguru.com/i/2016/03/deepmind-mastering-go.pdf

レーティングを図示しました。

この評価では、ポリシーネットワーク、バリューネットワーク、モンテカルロ木探索をそれぞれ単体で用いる場合は、高々イロレーティング1700点程度に留まっていますが、2つ組合せると2000点を超え、3つの手法を組合せると3000点に迫るということを示しています。

まずアルファ碁のポリシーネットワークの効果としては、主要な手順を深く展開できることや、子ノードの数を少なく抑え込めることなどが考えられます。結果として、モンテカルロ木をルートから27手先まで展開される例が示されています。これは従来型の、子ノード展開時のノードを絞り込む手法では、到底考えられない深さです。

また上記の評価では、バリューネットワーク単体の場合のイロレーティングは、モンテカルロ木探索単体のイロレーティングよりも高くなっています。これは、バリューネットワークがモンテカルロ木探索の勝率評価に匹敵する性能を持つことを示唆しています。さらに、勝率評価における、モンテカルロ木探索の勝率とバリューネットワークの勝率を1:1の割合で平均した場合（重み係数λを0.5とした場合）に一番強くなると述べられています。これはバリューネットワークとモンテカルロ木探索が互いを補完する効果があることを示唆しています。

以上の考察からも、ポリシーネットワーク、バリューネットワーク、モンテカルロ木探索の絶妙な組合せが、アルファ碁の強さに寄与していることがわかります。なお、上記のイロレーティング評価の結果はマシン1台（48CPU, 8GPU）の場合ですが、さらに複数マシンのクラスタ構成にした場合は3150点を超えることが示されています。超多数のCPUとGPUによる並列化もまた、アルファ碁の強さに寄与しているということです。

アルファ碁論文によれば、この3150点の構成で、ヨーロッパチャンピオンであるファン・フイ二段に勝ち越す強さに到達しました。

しかしアルファ碁の躍進はまだ続き、世界チャンピオンを圧倒する強さまで駆け上がります。次章ではこの秘密に迫っていきたいと思います。

Chapter 6

アルファ碁から
アルファ碁ゼロへ

2017年10月19日。ついにアルファ碁の全貌が明らかになりました。新しいネイチャー論文『Mastering the game of Go without human knowledge（人間の知識なしに囲碁を究める）』が発表されたのです。新しい論文では、これまで秘密のベールに包まれていた強化学習の手法を中心に据え、ゼロから囲碁AIを学習するための、アルファ碁ゼロの技術について説明されています。論文では、「たった3日で」「ゼロから」「1台のマシンでも動く」最強囲碁AIができたことをアピールしています。アルファ碁ゼロは、これまで説明した従来版アルファ碁を土台として、ディープラーニング、探索、強化学習の各技術を改良して作られたものであり、決して難しいものではありません。従来版のアルファ碁からアルファ碁ゼロに至る技術を、本章では解説していきます。

01 はじめに

ここでは、本章で説明するアルファ碁ゼロと、前章までに説明した従来版アルファ碁の主な違いについて簡単に説明した上で、本章の構成を紹介します。

アルファ碁ゼロは、これまで説明してきたアルファ碁（以下、従来版アルファ碁と呼ぶ）を土台として、ディープラーニング、探索、強化学習の各技術を改良して作られたものです。従来版アルファ碁が、「時間のかかる処理であるディープラーニングをいかに囲碁の探索にうまく活用するか」という観点で設計されていたのに対し、アルファ碁ゼロは、「いかにして人間の知識なしに囲碁AIを作るか」「いかにしてゲーム固有の情報を使わないか」を主題に、設計・開発されたようです。

図6.1 に示すように従来版アルファ碁に対するアルファ碁ゼロの改良ポイントは主に3点です。

第1にアルファ碁ゼロは、デュアルネットワークと呼ばれる、従来版アルファ碁のポリシーネットワークとバリューネットワーク（MEMO参照）とを統合したディープラーニングのモデルを用いています。

第2にアルファ碁ゼロのモンテカルロ木探索の手法は、デュアルネットワークの勝率予測の性能が大幅にアップしたため、従来版アルファ碁では行っていたプレイアウトの処理が不要となり、単純明快でわかりやすい処理となっています。

第3にアルファ碁ゼロの頭脳にあたるデュアルネットワークのパラメータは、強化学習により獲得されます。このネットワークを、モンテカルロ木探索に組込むことで、最強囲碁AI「アルファ碁ゼロ」が完成します。

本章では、まず6.2節でアルファ碁ゼロのネットワーク構造を、次に6.3節でアルファ碁ゼロのモンテカルロ木探索手法を説明します。その後6.4節で、ネットワークパラメータを強化学習により獲得する手法について説明します。

> **MEMO｜従来版アルファ碁のポリシーネットワークとバリューネットワーク**
>
> 従来版アルファ碁のポリシーネットワーク（2.3節参照）は次の一手予測を行うディープラーニングのモデルです。出力は、盤面の19×19の各位置に対し、その手が一番よい手となる確率です。
>
> 一方、従来版アルファ碁のバリューネットワーク（2.3.10項参照）は、局面評価を行うディープラーニングのモデルです。出力は、今の手番（黒または白）から見た勝率の予測値で、具体的には－1.0以上1.0の数値で表し、1.0の時、勝率100％、－1.0の時、勝率0％であることを表します。

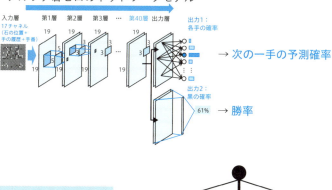

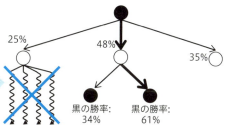

図6.1 従来版アルファ碁に対するアルファ碁ゼロの3つの改良点

02 アルファ碁ゼロにおけるディープラーニング

ここでは、アルファ碁ゼロで使われている、ディープラーニングモデルの詳細について説明します。

アルファ碁ゼロでは、従来版アルファ碁における次の一手予測をつかさどるポリシーネットワークと、勝率予測をつかさどるバリューネットワークとを統合したディープラーニングモデルが用いられます。2017年度版の新しいネイチャー論文（MEMO参照）では、このネットワークをdualと言及しているため、本章では

MEMO | 2016年度版と2017年度版のネイチャー論文について

グーグル・ディープマインドのメンバーは、2017年10月に、アルファ碁ゼロの仕組みを解説した下記の新しい論文をネイチャー誌に発表しました。本章は、基本的にこの2017年の論文の解説となります。この論文のことを、以下アルファ碁ゼロ論文と呼びます。

『Mastering the game of Go without human knowledge
（人間の知識なしに囲碁を究める）』
(David Silver、Julian Schrittwieser、Karen Simonyan、Ioannis Antonoglou、Aja Huang、Arthur Guez、Thomas Hubert、Lucas Baker、Matthew Lai、Adrian Bolton、Yutian Chen、Timothy Lillicrap、Fan Hui、Laurent Sifre、George van den Driessche、Thore Graepel、Demis Hassabis、nature、2017)
URL https://deepmind.com/documents/119/agz_unformatted_nature.pdf

一方、従来版アルファ碁については、2016年1月にネイチャー誌に論文が掲載されています。この2016年の論文のことを、これまで同様アルファ碁論文と呼びます。

『Mastering the game of Go with deep neural networks and tree search
（深層ニューラルネットワークと木探索により囲碁を究める）』
(David Silver、Aja Huang、Chris J. Maddison、Arthur Guez、Laurent Sifre、George van den Driessche、Julian Schrittwieser、Ioannis Antonoglou、Veda Panneershelvam、Marc Lanctot、Sander Dieleman、Dominik Grewe、John Nham、Nal Kalchbrenner、Ilya Sutskever、Timothy Lillicrap、Madeleine Leach、Koray Kavukcuoglu、Thore Graepel & Demis Hassabis、nature、2016)
URL https://storage.googleapis.com/deepmind-media/alphago/AlphaGoNaturePaper.pdf

デュアルネットワークと呼ぶことにします。

　本節では、アルファ碁ゼロのデュアルネットワークと、従来版アルファ碁のポリシーネットワーク・バリューネットワークとの構造の違いを中心に説明します。

6.2.1　デュアルネットワークの構造

　図6.2 に示すように、デュアルネットワークの入力層から出力層までの構造は、下記のようになっています。

- 入力層：17チャネル
- 第1層：3×3サイズ256種類のフィルタを持つ畳み込み層と、バッチ正規化、ReLU活性化関数
- 第2層〜第39層：19個の残差ブロック。なお各残差ブロックは、3×3サイズ256種類のフィルタを持つ畳み込み層、バッチ正規化、ReLU関数各2個からなります。
- 各手の予測確率を計算する次の一手予測部と、勝率を予測する勝率予測部に分岐
- 次の一手予測部の構造：
  - ・次の一手予測部第1層：1×1サイズの2種類のフィルタを持つ畳み込み層と、バッチ正規化、ReLU関数
  - ・次の一手予測部第2層：362ノードに出力する全結合層とソフトマックス関数
  - ・次の一手予測部の出力：362ノード（361個の盤面上の位置と、パスのいずれかを出力する確率に対応）
- 勝率予測部の構造：
  - ・勝率予測部第1層：1×1サイズ1種類のフィルタを持つ畳み込み層と、バッチ正規化、ReLU関数
  - ・勝率予測部第2層：256ノードに出力する全結合層とReLU関数
  - ・勝率予測部第3層：1ノードに出力する全結合層とtanh関数
  - ・勝率予測部の出力：1ノード（−1.0以上1.0以下の値。+1.0が黒勝ち、−1.0が白勝ちに対応）

・デュアルネットワークの構造
- 入力は17チャネル（0〜7手前の黒石/白石の位置、手番）
- 全部で40層以上
    - 各層は、基本的に、3×3の畳み込み層+バッチ正規化+ReLUからなる
    - 第2〜39層までは、ショートカットを持つ残差ネットワーク（ResNet）
- 第40層からは、次の一手の予測部と勝率の予測部とに分かれる

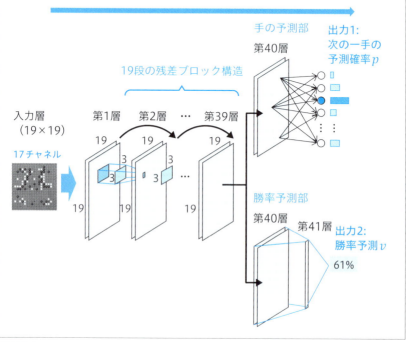

図6.2 デュアルネットワークの構造。従来版アルファ碁のポリシーネットワーク（第2章図2.17参照）とバリューネットワーク（第2章図2.26参照）とを統合したような構造となっている

デュアルネットワークの入力に関して

以下、デュアルネットワークの特長的な部分にフォーカスして説明していきます。

最初にデュアルネットワークの入力に関して説明します。従来版アルファ碁では48チャネルあった入力情報（図6.3 (a)、2.3.4項参照）が、デュアルネットワークでは石の位置、履歴、手番の計17チャネル（図6.3 (b)）となっています。従来版アルファ碁で入力特徴として使われた、空点の位置、連に関する呼吸点の数の情報、シチョウに関する情報などは、使わなくなりました。これらの情報があるほうが、

図6.3 （a）従来版アルファ碁で使われた入力48チャネル（2.3.4項 **表2.2** の再掲）と（b）アルファ碁ゼロのデュアルネットワークの入力17チャネルの内訳。（b）のほうがかなりシンプルになっている

（a）従来版アルファ碁で使われた
入力48チャネル

入力チャネルの種類	チャネル数
黒石の位置	1
白石の位置	1
空白の位置	1
k手前に打たれた位置（$k=1\sim8$）	8
石がある場合の当該連の呼吸点の数（$k=1\sim8$）	8
そこに打った後石を取れるか（取る数:$k=1\sim8$）	8
そこに打った後、当該連を取られる場合に、何個石を取られるか？（石の数;$k=1\sim8$）	8
その石に打った後の、当該連の呼吸点の数（呼吸点の数:$k=1\sim8$）	8
そこに打った後、隣接する相手の連をシチョウで取れるか？	1
そこに打たれた後、隣接する味方の連をシチョウで取られるか？	1
合法手か？	1
すべて1で埋める	1
すべて0で埋める	1
合計	48

（b）アルファ碁ゼロのデュアルネットワークで使われた入力17チャネル

入力チャネルの種類	チャネル数
黒石の位置	1
白石の位置	1
k手前の黒石の位置（$k=1\sim7$）	7
k手前の白石の位置（$k=1\sim7$）	7
手番（黒番ならすべて1、白番ならすべて0）	1
合計	17

学習は進みやすいと考えられますが、アルファ碁ゼロの「ゲーム固有の情報をなるべく使わない」設計ポリシーにしたがい、使用しなかったと考えられます。

一方、履歴の入力方法は、従来版アルファ碁（**図6.3**（a））では、$k(=1\sim8)$手前に打たれた交点そのものだけを入力していましたが、アルファ碁ゼロのデュアルネットワーク（**図6.3**（b））では、$k(=1\sim7)$手前の黒、白それぞれの石の位置情報をすべて入力しています。これらの情報により、直前に重要となった石の位置を表現することができ、連に関する情報などを補う効果があるのかもしれません。

> ### Column | 次の一手予測部の出力にパスが追加されているのはなぜか?
>
> 微妙な違いなので見逃してしまいそうですが、次の一手予測部の出力をよく見ると、従来版アルファ碁のポリシーネットワークの出力である（19 × 19 =）361個に「パス」が追加されて出力の個数が362個となっています。実は、このパスは重要な意味を持っています。なぜなら、後述するように、アルファ碁ゼロでは黒番と白番が連続してパスした場合にのみ（厳密に言うと規定の手数を超えてしまった場合も）終局するというルールを採用しているからです。
>
> よって後で説明する強化学習のセルフプレイにおいて、当初のランダムプレイの間は、このパスがたまたま2回続いた時のみ終局することになります。その後、次第に強化学習が進んでくると、自分が勝ちだと思っている場合にのみパスをするようになっていきます。つまりこのパスは、アルファ碁ゼロのルールの環境では、勝ちを宣言するための重要な手となっているわけです。

次の一手予測部と勝率予測部を統合した構造

次に、デュアルネットワークの特長である「次の一手予測部」と「勝率予測部」とを統合した構造について述べます。複数のタスクでモデルの一部を共有し同時に学習する手法のことを、一般にマルチタスク学習（MEMO参照）と呼びます。

アルファ碁ゼロ論文によると、統合した結果として、次の一手予測器としての性能は、ポリシーネットワーク単独の場合よりも落ちるようです。ただし、モンテカルロ木探索に組込んだ場合には、統合したデュアルネットワークのほうが性能は高まるようです。試行錯誤の結果として、総合力としては、デュアルネットワークのほうが優れているとの結論に至ったのかもしれません。

次節で説明するモンテカルロ木探索では、デュアルネットワークの次の一手予測部が出力する手の予測確率 p により探索深さが制御され、勝率予測部が出力する勝率予測 v が局面評価関数となります。ゲーム木の探索において重要な、「探索深さ」「局面評価関数」という2要素がここでも登場します。アルファ碁ゼロでは、この重要な2要素が、統合された1つのネットワークモデルにより計算されるわけです。

> **MEMO｜マルチタスク学習**
>
> 複数のタスクの学習に対して、モデルの一部を共有し、同時に学習する手法のことをマルチタスク学習と呼びます。モデルを共有することで、複数のタスクに共通する要因を認識しやすくなり、予測精度の向上が期待できます。デュアルネットワークの場合も、次の一手予測と勝率予測のモデルを一部共有することで、これらの認識に必要となる共通の構造の学習が進みやすくなると考えられます。

残差ネットワーク

最後に残差ネットワーク（ResNet）について少し詳しく説明します。

残差ネットワーク（MEMO参照）は、図6.4（a）に示した残差ブロックと呼ばれる構造を多段に重ねたものです。デュアルネットワークではこの残差ブロックを19段重ねたものを用いています（図6.4（b））。

デュアルネットワークの残差ブロックは、この場合、3×3サイズ256種類のフィルタを持つ畳み込み層（3×3 Conv 256）と、バッチ正規化（Bn）（2.3.3項のMEMO参照）、ReLU関数（ReLU）（2.2.5項参照）を2回繰り返したものがメイン経路になっていますが、特徴的なのは、このメイン経路を通らないショートカットを持つことです（厳密にいうと図6.4（a）のように、あるショートカット終了から次のショートカット開始までの間に、ReLUを挟んでいます）。

このショートカットの存在により、実は深いネットワークであっても、浅いネットワークの機能を包含することが知られています。浅いネットワークのみで学習できるようなデータの場合には、浅い段までのパラメータのみが重点的に学習され、残りはショートカット経路を通り、実質的に意味を持たない、というようなイメージです。

> **MEMO｜残差ネットワーク**
>
> 残差ネットワークは2.2.7項で説明したResNetと同じものです。残差ネットワークに関しては、次の論文で説明されています。
>
> 『**Deep Residual Learning for Image Recognition. Computer Vision and Pattern Recognition（CVPR）**』
> (Kaiming He、Xiangyu Zhang、Shaoqing Ren、Jian Sun、2016)
> **URL** https://www.cv-foundation.org/openaccess/content_cvpr_2016/papers/
> He_Deep_Residual_Learning_CVPR_2016_paper.pdf

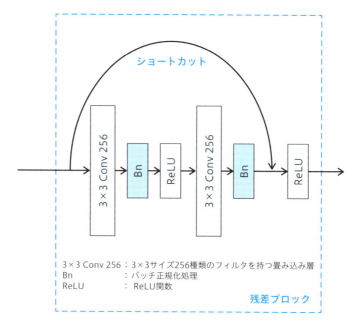

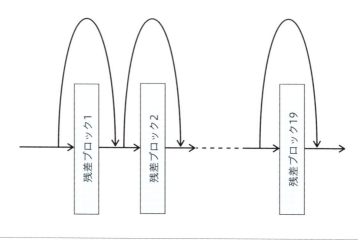

図6.4 デュアルネットワークの残差ネットワーク部分の詳細。(a)は残差ブロックの詳細。(b)(a)に示した残差ブロックの構造を19回繰り返している

デュアルネットワークの規模と計算量

　従来版アルファ碁のポリシーネットワークの場合と同様に、デュアルネットワークの畳み込み層の足し算の回数とパラメータの個数を計算してみましょう。簡単にするため、ここではデュアルネットワークを3×3サイズの畳み込み層が39層あるとみなして計算します。この仮定のもとでは、

- 畳み込みの足し算回数：
  $19 \times 19 \times 3 \times 3 \times 256 \times 256 \times$（層の数：39）＝約83億回
- フィルタ重みパラメータの個数：
  $3 \times 3 \times 256 \times 256 \times$（層の数：39）＝約2300万個

となります。足し算回数とパラメータ個数が共に、従来版アルファ碁で使われたフィルタ192枚のSLポリシーネットワークの計算量（2.3.6項参照）の約6倍となっています。

6.2.2　デュアルネットワークの学習

　ここではデュアルネットワークのパラメータ（θとします）の教師付き学習手法について説明します。デュアルネットワークの教師付き学習は、2.3.8節で述べたポリシーネットワークの教師つき学習（ 図2.24 参照）と基本的に同じであり、誤差関数L_θの勾配を利用する誤差逆伝搬法により、 式6.1 のようにパラメータを更新します。aは学習率です。

$$\theta \ \rightarrow \ \theta - \alpha \cdot \Delta\theta, \qquad \Delta\theta \ = \ \frac{\partial L_\theta}{\partial \theta}$$

式6.1 デュアルネットワークのパラメータθの逐次更新式

　ただし、デュアルネットワークは手aが出力である確率$p(s, a)$と黒の勝率$v(s)$という2つの出力があるため、誤差関数L_θの計算方法がポリシーネットワークとは異なります。

　デュアルネットワークに対する正解データは、(π, z)の組からなります。ここで1つ目の正解データπは、ある局面sにおいて各手aが正解となる確率を表します。これはポリシーネットワークの正解データと同様に、強いプレイヤが打った手を正解とする場合は、強いプレイヤの手a^*のみを100%とし、残りの手の確率は0%と考

えます。後の強化学習の際にはもう少し洗練された確率分布を用います。

　次に2つ目の正解データzは、ある局面に対する最終的な勝ち負け（黒勝ちならば＋1、白勝ちならば－1）を表します。これは、バリューネットワークの正解データと同じで、この局面から強いプレイヤ同士が打った場合の、最終的な勝敗と思えば良いでしょう。

　この条件の下で、重みパラメータをθとするデュアルネットワーク$f_\theta(s)$の出力の組(p, v)を正解データの組(π, z)に近づける、つまり(p, v)と(π, z)との誤差を最小化するようにパラメータを更新するという方針です。詳細はAppendix 1のA1.1.3項で説明します。

デュアルネットワークの学習の効果

　アルファ碁ゼロ論文では、以上で説明したデュアルネットワークを従来版アルファ碁同様に3000万局面を使って教師付き学習した場合、強いプレイヤの手との一致率は60.4％となることが示されています。これは、最高57.0％であった従来版アルファ碁の一致率（2.3.9項参照）よりも高い値となっています。残差ブロックを導入し、かつネットワークの深さを深くした効果と言えるでしょう。実際には、教師付き学習ではなく強化学習を使って、デュアルネットワークのパラメータを学習していくわけですが、その手法については6.4節で述べることにします。

デュアルネットワークの学習部を書く

　図6.5に、従来版アルファ碁のポリシーネットワークの場合（2.4.2項参照）と同様に、デュアルネットワークをChainerで記述した場合のネットワーク定義部の例を示します。Chainerを使えば、これまで説明したデュアルネットワークの構造を、比較的簡潔に記述できます。細かい説明は省略しますが、ポリシーネットワークの場合と同様に（a）の部分に、畳み込み、バッチ正規化、全結合等の処理を定義しておき、（b）の部分でこれらの材料を組み立てていきます。

(a) 各層のサイズと形状の定義部

```python
def __init__(self, train=True):
  super(CNN, self).__init__(
    conv0 = L.Convolution2D(17, 256, 3, pad=1),
    conv1 = L.Convolution2D(256, 256, 3, pad=1),
    conv2 = L.Convolution2D(256, 256, 3, pad=1),
     …
    conv38 = L.Convolution2D(256, 256, 3, pad=1),

    bn0  =L.BatchNormalization(256),
    bn1  =L.BatchNormalization(256),
     …
    bn38=L.BatchNormalization(256),

    conv_p1 = L.Convolution2D(256, 2, 1),
    bn_p1   = L.BatchNormalization(2),
    fc_p2   = L.Linear(19*19*2, 19*19),

    conv_v1 = L.Convolution2D(256, 1, 1),
    bn_v1   = L.BatchNormalization(1),
    fc_v2   = L.Linear(19*19, 256),
    fc_v3   = L.Linear(256, 1),)
```

(b) ネットワークの接続の定義部

残差ブロック

```python
def __call__(self, x):
  h0 = F.relu(self.bn0(self.conv0(x)))
  h1 = F.relu(self.bn1(self.conv1(h0)))
  h2 = F.relu(self.bn2(self.conv2(h1)) + h0)
  h3 = F.relu(self.bn3(self.conv3(h2)))
  h4 = F.relu(self.bn4(self.conv4(h3)) + h2)
        …
  h37 = F.relu(self.bn37(self.conv37(h36)))
  h38 = F.relu(self.bn38(self.conv38(h37)) + h36)

  #policy output
  h_p1  = F.relu(self.bn_p1(self.conv_p1(h38)))
  out_p = self.fc_p2(h_p1)

  #value output
  h_v1  = F.relu(self.bn_v1(self.conv_v1(h38)))
  h_v2  = F.relu(self.fc_v2(h_v1))
  out_v = F.tanh(self.fc_v3(h_v2))
  return out_p , out_v
```

図6.5 デュアルネットワークをChainerで記述した場合のネットワーク定義部。2.4.2項の リスト2.2 、リスト2.3 に示した従来版アルファ碁のポリシーネットのコードと比較すると、残差ブロックが使われている点、出力が枝分かれしている点が大きな違いとなる

6.2.3 アルファ碁ゼロのディープラーニングのまとめ

　本節で説明した通り、ディープラーニングは、人間の直観を代替する機能を持つと言えるでしょう。囲碁の場合、局面評価関数作成のための特徴量設計がとても難しかったのですが、アルファ碁ゼロは、ついに石の配置と履歴の情報だけから、局面評価する方法を生み出しました。人間の大局観に相当する、囲碁の局面評価関数を作り上げるという、従来不可能と思われていた課題は、ディープラーニングにより見事に解決されたのです。

03 アルファ碁ゼロにおけるモンテカルロ木探索

 ここでは、アルファ碁ゼロで使われている、モンテカルロ木探索手法の詳細について説明します。

本節では精度の高いデュアルネットワークが得られたとして、このデュアルネットワークを活用するモンテカルロ木探索（MCTS）について述べます。特に、アルファ碁ゼロのMCTSと従来型のMCTS（モンテカルロ木探索）（MEMO参照）の違いを中心に説明します。

> **MEMO｜従来型のMCTS（モンテカルロ木探索）**
>
> MCTSは、ランダムシミュレーションを繰り返し、最終的にルート局面で最もシミュレーション回数の大きい手を選択する手法でした。この手法は、多腕バンディット問題（3.3節参照）で使われるUCBアルゴリズムをゲーム木探索に拡張した手法であり、各シミュレーションでは、そのノードの手番から見た、楽観的な勝率予測値（勝率＋バイアス）の大きい手を選択（Selection）して木を降りていきます。そして、リーフノード（末端局面）に至った後は、プレイアウトを実行して、そのノードの勝率を評価（Evaluation）し、結果を更新（Backup）しながら再びルートノードまで昇っていきます。さらにシミュレーション回数が一定値を超えたノードは、子ノードを展開（Expansion）します。
>
> この選択、展開、評価、更新からなるシミュレーション処理を繰り返すことで、結果として、より重要な手を深く展開することができることがMCTSの特長でした（4.4節参照）。
>
> これに対し、従来版アルファ碁では、選択処理において、勝率の評価にバリューネットワークとプレイアウトの勝率評価の重み和を、バイアスの評価にポリシーネットワークの「次の一手予測確率」を用いているという特長がありました（5.2節参照）。

6.3.1 アルファ碁ゼロのモンテカルロ木探索の概要

アルファ碁ゼロのMCTS（図6.6）と、従来版アルファ碁のMCTSの最大の違いは、プレイアウト（4.4.2項のMEMO参照）と呼ばれる「乱数を元に終局まで手を進め勝ち負けを得るプロセス」がないことです。アルファ碁ゼロでは、従来の複数

(a) Step 1：ルートノードから、アーク評価値 $(Q(s,a) + u(s,a))$ が最大となる子ノード a をたどって木を降りる

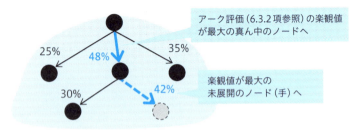

(b) Step 2：新ノードを作成し、デュアルネットワークにより、p, v を計算

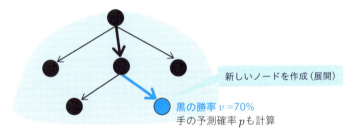

(c) Step 3：各ノードの勝率を更新しながら、木を昇る

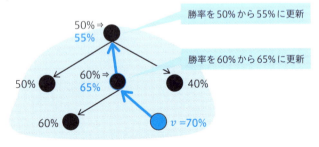

図6.6 アルファ碁ゼロのモンテカルロ木探索。(a) ルートノードから、アーク評価の楽観値 $(Q(s,a) + u(s,a))$ が最大となる手 a をたどって木を降りる。(b) 新しいソードを作成し、デュアルネットワークにより p, v を計算。(c) 各ノードの勝率を更新しながら木を昇る

回行われたプレイアウトの代わりに、1回だけデュアルネットワークを計算し、勝率を予測しています。デュアルネットワークによる勝率予測の精度が上がったため、プレイアウトが不要になったということだと思います。結果として、シミュレーション1回で勝率が得られるので、シミュレーション1回ごとに新しいノードを1個展開できるようになりました。

6.3.2 モンテカルロ木探索のフローチャート

次にモンテカルロ木探索の処理の詳細を見てみましょう。

アルファ碁ゼロのモンテカルロ木探索では、**図6.7** のフローチャートに示すようなStep 1～3からなるシミュレーション処理を繰り返します。

Step 1（選択処理）

まずStep 1では、局面sにおいて、下記で計算されるアーク評価値$Q(s,a) + u(s,a)$が最大となる手aをたどって木を降りていきます。なお評価という用語は紛らわしいため、選択処理による各手の評価は「アーク評価」と呼ぶことにします。一方、局面（ノード）を評価する場合は、「局面評価」と呼びます。

アーク評価値：$Q(s,a) + u(s,a)$

勝率

$$Q(s,a) = \frac{W(s,a)}{N(s,a)},$$

$$u(s,a) = c_{puct} \cdot p(s,a) \cdot \frac{\sqrt{\sum_b N(s,b)}}{1 + N(s,a)}$$

手aの予測確率　　バイアス

式6.2 アーク評価値の計算方法

ここで$Q(s,a)$は勝率です **式6.2** 。$u(s,a)$は、デュアルネットワークが出力する手aの予測確率と、バイアスの積となっています。バイアスは、手aからはじまるシミュレーションの回数が少ないうちは大きな値となり、回数が多くなると小さくなってきます。つまり信頼区間の大きさを表しているとみなせます。したがって$u(s,a)$全体では、予測確率$p(s,a)$が大きい、もしくは手aからはじまるシミュレーションの回数が小さいうちは大きな値となります。最後に、c_{puct}は、勝率

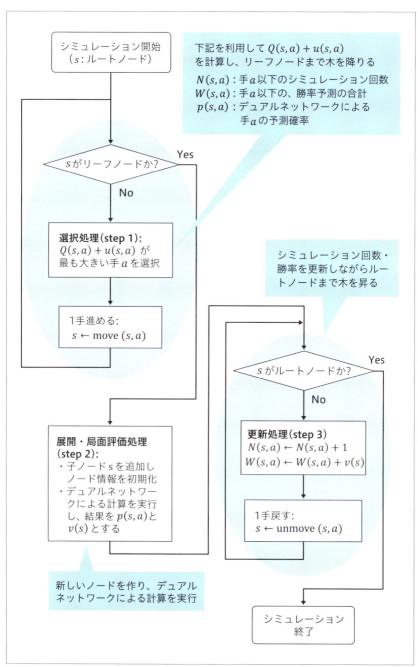

図6.7 アルファ碁ゼロのモンテカルロ木探索のシミュレーション1回の処理に関するフローチャート。5.2節 図5.6 に示した従来版アルファ碁が採用したAPV-MCTSのフローチャートと比べるとシンプルになっている

$Q(s,a)$と$u(s,a)$のバランスを決めるパラメータを表します。以上の計算の内容は、勝率$Q(s,a)$が、デュアルネットワークの結果のみで評価されていることを除けば、従来版アルファ碁の選択処理（5.2節の 図5.5 の Step 1 参照）とまったく同じです。

Step 2（展開・局面評価処理）

Step 2では、子ノードs'を展開し、デュアルネットワークf_θにより、$p(s',a)$, $v(s')$を計算します。従来版アルファ碁ではノード展開の頻度は、$n(= 40)$シミュレーションに1回でしたが、アルファ碁ゼロでは、毎回ノードが作られます。

Step 3（更新処理）

Step 3では、ルートノードまでの途中のすべてのノードsにおいて、勝率の合計$W(s,a)$とシミュレーション回数の合計$N(s,a)$を 式6.3 のように更新しながら、木を昇ります。

$$N(s,a) = N(s,a) + 1$$
$$W(s,a) = W(s,a) + v(s)$$

式6.3 シミュレーション回数の合計$N(s,a)$と勝率の合計$W(s,a)$

この処理により、結果として$N(s,a)$と$W(s,a)$には、それぞれ、局面sの手aからはじまるシミュレーションの回数と、勝率の合計値が格納されることを確認してください。従来版のアルファ碁では、バリューネットワークによる勝率評価と、プレイアウトの勝率評価の両方が必要でしたが（ 図5.6 の Step 4 参照）、アルファ碁ゼロではデュアルネットワークが出力する勝率評価$v(s)$に関するだけでよいので、シンプルになっています。

この更新処理の結果として、$W(s,a)/N(s,a)$により、当該局面sの手aからはじまるすべてのシミュレーションの勝率の平均を計算することができます。MCTSの、重要な変化が重点的に展開される性質と合わせると、シミュレーションを繰り返すほど、$W(s,a)$と$N(s,a)$による勝率の精度が高まっていくと考えられます。なおアルファ碁ゼロのMCTSでは、勝負がつくまでプレイアウトしているわけではなく、単にデュアルネットワークの勝率予測で近似しているので、従来型のMCTSで見られた理論的に最善手に収束する性質（4.4.4項MEMO参照）はありません。

Step 4（最終的な手の選択処理）

アルファ碁ゼロでは、上記Step 1～3のシミュレーション処理をN回（例えば1600回）繰り返した後に、ルート局面において、最もシミュレーション回数が多かった手を採用します（Step 4）。この点も従来版アルファ碁と同じです。

◆ 6.3.3 アルファ碁ゼロのモンテカルロ木探索のまとめ

アルファ碁ゼロのモンテカルロ木探索では、デュアルネットワークの勝率予測の精度が向上したことにより、プレイアウトが不要になったことが最大のポイントです。また、このプレイアウトをなくしたことで、1秒間に生成できるノード数が増えたことも大きなメリットになっています。アルファ碁ゼロでは、TPUという強力なハードウェア使用の効果もあり、4000ノード／秒程度の速度でノード生成することができます。結果として、かなり深く読めそうなことがわかります。

この探索手法は、もはやMCTSというよりも、従来型の将棋などの探索手法に近づいてきたイメージです。実際、アーク評価の楽観値が最もよい順に1個ずつノードを追加し、追加したノードを局面評価するということを繰り返しているだけなので、一種の**最良優先探索**（MEMO参照）とみなすことができます。

> **MEMO｜最良優先探索**
>
> 深さ優先探索、幅優先探索などと並ぶ木の探索の手法の1つです。最良優先探索は何らかの評価基準を元に、最も望ましいノードから順に探索していく手法です。アルファ碁ゼロのモンテカルロ木探索は、これまでの探索結果$(W(s,a), N(s,a))$とそのノードで計算される値$(p(s,a), v(s))$のみにより探索順序が決定され、最も望ましいノードを毎回展開しているので、一種の最良優先探索と言えそうです。

つまり、アルファ碁ゼロのMCTSによる先読み方法は、圧倒的な物量で広く深く探索していくというよりも、有望な枝のみを選択的に深く読んでいく手法となっています。人間の思考方法に近づいてきたと言えるかもしれません。

04 アルファ碁ゼロにおける強化学習

 ここでは、アルファ碁ゼロで使われている、強化学習手法の詳細について説明します。

　ここまで精度の高いデュアルネットワークが得られた場合の、アルファ碁ゼロの探索手法について説明してきました。後は、デュアルネットワークのよいパラメータをどのように学習するかという問題が残ります。アルファ碁ゼロではこの問題を強化学習により解決しています。

　図6.8 に示すように、アルファ碁ゼロの強化学習は、最初はランダムプレイなため非常に弱い状態からはじまります。この状態から**セルフプレイ（自己対戦）**（MEMO参照）を繰り返し、かつセルフプレイの結果を元に、デュアルネットワークのパラメータ θ を逐次更新していくことで、だんだん強くしていく方針です。この強化学習を実現するには、セルフプレイにおいて、より勝ちやすい手を選びやすくなるようなパラメータ更新手法を生み出す必要があります。

> **MEMO　セルフプレイ（自己対戦）**
>
> 　セルフプレイとは、ここでは黒番の囲碁AIと白番の囲碁AIの自己対戦のことで、1手目から勝敗が決まるまで、1手ずつそれぞれのAIが交互に打つことを言います。本章では、セルフプレイの目的は2つあります。
> 　1つ目の目的は、別のAIを用いた自己対戦を繰り返すことで、どちらのAIが強いかを決定することです。これは対戦数を増やしていって、勝敗をカウントするだけで評価することができます。後述する新パラメータ評価部では、この最初の目的でセルフプレイが行われています。
> 　セルフプレイの2つ目の目的は、強化学習のための棋譜を得ることです。あるAIを用いた場合の勝敗を得ることで、このAIをより勝ちやすくするためのパラメータ更新の方向性（勾配）を得ることが目的となります。例えば、勝ったほうの手をより打ちやすくするように、負けたほうの手をより打ちにくくするように、強化学習することが考えられます。後述するアルファ碁ゼロの強化学習では、セルフプレイ部の各手の探索結果を元に、巧みな手法によりパラメータ更新を行う枠組みが使われています。

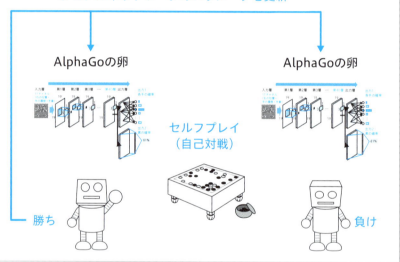

図6.8 アルファ碁ゼロの強化学習手法

　ではどのような強化学習を使えばよいでしょうか？ 最もシンプルな方法としては、従来版アルファ碁において、SLポリシーネットワークから、RLポリシーネットワークを作ったように、セルフプレイの勝敗を元に方策勾配法（3.6.2項参照）を行うことが考えられます。ただ、さすがのグーグル・ディープマインドの計算機リソースをもってしても、この直球勝負の方針では難しかったのかもしれません。

　実は、アルファ碁ゼロでは、これまであまり見たことのない、巧みな強化学習手法が使われています。ここでは順を追って解説していきます。

6.4.1 アルファ碁ゼロの強化学習手法

図6.9 にアルファ碁ゼロの強化学習のフローチャートを示します。アルファ碁ゼロの強化学習は、セルフプレイ部、パラメータ更新部、新パラメータ評価部の3つの部分からなっています。

最初にセルフプレイ部では、現在一番強いパラメータ（暫定最強パラメータ）θ^*によるデュアルネットワークf_{θ^*}を利用したセルフプレイが行われます（Step 2）。

次に、学習部では、Step 2で得たセルフプレイの情報（具体的にはzとπ）を用いてパラメータを更新して、新しいパラメータθ'を得ます（Step 3）。最後に新パラメータ評価部では、暫定最強のパラメータθ^*を用いたデュアルネットワークf_{θ^*}と、Step 3で得られた新パラメータθ'を用いたデュアルネットワーク$f_{\theta'}$とによる対戦を実施し、$f_{\theta'}$側が十分勝ち越した場合には、θ^*を新パラメータθ'に置き換える処理を行います（Step 4）。

暫定最強パラメータθ^*の変化に注目してみると、Step 1でランダムに初期化されたθ^*は、Step 3のパラメータ更新部で更新され、更新結果による強さが有意だと認められた場合は新しいθ^*として採用されます（Step 4）。強化学習によりアルファ碁が強くなっていく現象は、このθ^*がどんどん強力なパラメータへと更新されることで実現されます。

なお余談ですが、パラメータθ^*の更新プロセスは、人間のプレイヤが経験を元に直観を研ぎ澄ましていく過程と似ていると言えます。プロ棋士は、ほとんどの場合、一瞬でよい手を見つけ出すことができます。これは日ごろの切磋琢磨の成果であると言えるでしょう。

またこの更新プロセスは、人手で囲碁AIを開発する場合ともよく似ています。人間の手による開発をする時は新たなアイデアに基づきコードを書き換えた上で、暫定最強版と新アイデア実装版による対戦を実施して、新アイデア側が十分勝ち越した場合は、暫定最強パラメータを置き換えます。

アルファ碁ゼロの強化学習の枠組みは、人間のプレイヤや開発者の試行錯誤の過程をデュアルネットワークのパラメータ更新処理に落とし込み、自動化したものと見ることもできるかもしれません。

ここで図6.9 では、わかりやすさのためシーケンシャルに記述していますが、実際には、セルフプレイ部と、パラメータ更新部、新パラメータ評価部とは、非同期並列に実行されており、パラメータ更新部、新パラメータ評価部は、セルフプレイ部

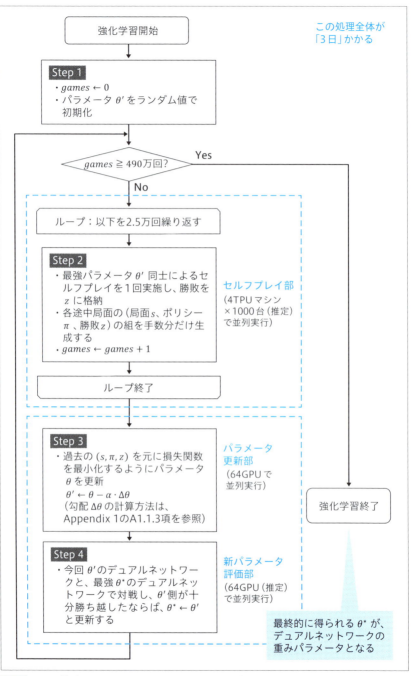

図6.9 アルファ碁ゼロの強化学習のフローチャート。セルフプレイ部、パラメータ更新部、新パラメータ評価部の3つの部分の繰り返しからなる

が2.5万回のセルフプレイを終わるのを待つのではなく、逐次、学習・評価を行っています。この並列化の考え方は、5.3節で説明した従来版アルファ碁の並列化の考え方と同じです。

強化学習におけるセルフプレイ部の処理

セルフプレイ部の目的は、デュアルネットワークf_θ^*を利用したモンテカルロ木探索に基づき、高品質かつ多様な棋譜を、できるだけ大量に生成することです。

セルフプレイの1手ごとの処理は、実際の探索時と同じ処理であることが望ましいので、基本的には、6.3節で述べたこととほぼ同じやり方でMCTSを実行します。MCTSでは、1手当たり1600回のシミュレーションを実行し、その結果を元に次の一手を決定します。

なお通常MCTSでは、最終的な手の選択（6.3.2節のStep 4）は、最もシミュレーション回数の大きい子ノードの手を選ぶのですが、セルフプレイ時のMCTSでは初手から30手目までに限り、シミュレーション回数に比例した確率で子ノードの手を選択しています。また30手目までに限らず、最終的な手の選択では、乱数を用いて、シミュレーション回数が最大のノード以外も選択されるような工夫も施しています。

これはアルファ碁ゼロの手法では、末端ノードの評価においてプレイアウトがなくなり、バリューネットワークのみにより評価することから、各シミュレーションから確率的要素がなくなってしまったことが理由です。結果としてアルファ碁ゼロのシミュレーションは、同じ局面では毎回同じ探索結果となってしまいます。一方、セルフプレイでは、棋譜の多様性が重要なため、最終的なルートノードの手の選択において、確率要素を入れているのです。

またセルフプレイを短い手数で終わらせるための工夫として、勝率が5％以下になったら投了とみなすという処理が入っています。

以上の結果を元に、1手ごとの各ルート局面sに対する、各手aがシミュレーションされた回数$N(s, a)$と最終的な勝敗zを保存しておきます。最終的にどの手を生成したかだけではなく、ルートノードで各候補手をシミュレーションした回数を保存し、学習に使うというところに、これまでにない発想があります。

Column | セルフプレイの終了判定方法

　ここでアルファ碁ゼロのセルフプレイにおける終了判定方法、勝敗の判定方法について補足します。従来の囲碁のモンテカルロ木探索では、自分の眼を埋めないという条件の下で、打つ手がなくなればパス、という程度のルールを入れておくことが普通です。すると、ランダムなセルフプレイであっても500手程度あれば互いにパスするしかなくなり終局するということになります。この眼を埋めないというのが重要で、自分の眼をどんどん埋めてしまうと、活きている石もいつかは死に石となり、相手に取られてしまいます。これを繰り返すとセルフプレイは永久に終わりません。

　ところがアルファ碁ゼロは、この「眼を埋めない」という程度の知識すらも、入れることを潔しとしなかったのです。その代わりに、パスが黒番と白番で2手連続したら終局（それがなければ722手で終局）というルールだけを導入しました。ただし今度は、たまたまパスが連続してしまうと、序盤でも終局してしまうため、終局時に勝ち負けをうまく判定する必要があります。これに対しては、Tromp-Taylor Rulesと呼ばれる曖昧性のないルールを適用しています。このルールは、中国ルール（1.4.1節 図1.2 参照）に近いものですが、各手番のスコアは、自分の石の数と、自分の石のみに接する空点の数との合計により定義します。

　おそらく、「眼を埋めないという条件の下で、打つ手がなくなればパス」とするほうが、実装が楽で、強化学習も早く収束すると思われますが、アルファ碁ゼロは、ここでも必要最小限の知識以外は使わないということに、こだわったわけです。

強化学習におけるパラメータ更新部の処理

　パラメータ更新部の目的は、セルフプレイの結果に基づき、現状のデュアルネットワークのパラメータを、より優れたパラメータに更新することです。

　直前の50万回のセルフプレイの中から、ランダムに$A(=2048)$個の学習データを取り出します。

　6.2.2項で見たように、デュアルネットワークの教師付き学習には、次にどの手を選ぶかという正解データπと勝率の正解データzとが必要でした。このうちzに関しては、セルフプレイの勝敗を利用すればOKです。一方πに関しては、通常の教師付き学習では、正解手（強いプレイヤが打った手）のみを100%として、残りを0%とする方式（以下「0-1方式」と呼びます）を採ることが多いです。これに対し、アルファ碁ゼロの強化学習では、すべての候補手に確率値を付けたベクトルを利用する方式（以下「確率分布方式」と呼びます）を採る点が特徴的です。

　この確率分布方式における各手aの確率π_aは、MCTSの結果を最大限活用し、セ

ルフプレイ部で得られたシミュレーション回数の情報$N(s, a)$を利用して、 式6.4 のように計算しています。

$$\pi_a = \frac{N(s, a)^{1/\gamma}}{\sum_b N(s, a)^{1/\gamma}}$$

式6.4 確率分布方式における各手aの確率π_a

　ここでγは温度パラメータと呼ばれる、手のバラつきを制御するパラメータになっています。$\gamma = 0$の極限を考えると$N(s, a)$が最大となった手aを100%選ぶことになり、これはMCTSの考え方と同じです。一方、$\gamma = 1$とすると、$N(s, a)$の大きさに比例して、手aを選ぶことになります。アルファ碁ゼロでは、実はこのγを適宜調整しながらシミュレーションを実行し、得られる棋譜の多様性を調整しています。

　ここでは$\gamma = 1$の場合を具体的に見てみましょう。たとえば手の候補としてa_1、a_2、a_3の3つの候補があり、MCTSの結果、シミュレーション100回のうち、a_1が30回、a_2が50回、a_3が20回実行されたとしましょう。この時、各手の確率分布πは、$\pi = \{30\%, 50\%, 20\%\}$となります。確率分布方式ではこの$\pi$をそのまま正解データとするわけです。

　一方、$0 - 1$方式を採る場合（これは$\gamma = 0$の場合に相当します）、確率が最大となるa_2だけを100%として正解データを$\pi = \{0\%, 100\%, 0\%\}$とします。1個の手だけが極端によい手である場合はこれでも構わないのですが、複数の有力候補がある場合は、極端過ぎるかもしれません。

　学習の結果から得たいものは、MCTSの手を展開する際の次の一手の予測確率なので、各手の確率分布そのものを正解データとしておいたほうがよさそうです。すべての候補に確率値を付ける確率分布方式のπを使えば、$0 - 1$方式のπを使うよりも情報量が増えるので、学習が進みやすくなるのだと思います。

　なお確率分布方式のπを正解データとする場合も、損失関数はAppendix 1のA1.1.3項の方法で計算可能であり、6.2.2節の 式6.1 を用いてパラメータθを更新します。

強化学習における新パラメータ評価部の処理

新パラメータ評価部の目的は、セルフプレイおよびパラメータ更新処理で得られた新しいパラメータ θ' が、元のパラメータ θ^* よりも優れているかを判定することです。パラメータ更新処理を1000回実行するごとに、以下の判定処理を行います。

具体的には、今回得られたデュアルネットワーク $f_{\theta'}$ と、従来最強のデュアルネットワーク f_{θ^*} との間で400回自己対戦（セルフプレイ）させます。セルフプレイ部の場合と同様、1手進めるために1600回のシミュレーションを実行しています。

結果、$f_{\theta'}$ 側が f_{θ^*} に対し、220勝以上勝った場合は、θ^* から θ' に暫定最強パラメータを更新します。ここで220勝という数字は、少し大雑把な言い方をすると、約98%の確率で強くなった場合に相当します。

6.4.2　強化学習の計算時間

次にアルファ碁ゼロの強化学習の計算時間について詳しく見ていきます。

6.4.1項で説明したように、アルファ碁ゼロの強化学習は、セルフプレイ部、パラメータ更新部、新パラメータ評価部、の3つから構成されますが、強化学習に要する時間のほとんどは、セルフプレイ部に費やされます。アルファ碁ゼロ論文によるとセルフプレイにおいて1手当たり1600回のシミュレーションを実行し、その計算時間は0.4秒程度だそうです。

この場合、490万局のセルフプレイには、1局のセルフプレイが150手で終了すると仮定すると、 式6.5 のように10年近くかかることになります。

0.4（秒／手）× 150（手／局）× 490万（局） 〜 2.9億秒

〜 3400日

〜 9.3年

式6.5 490万局のセルフプレイに要する計算時間（並列化を行わない場合）

これが3日で終わったということは、1000台近い並列化を行ったことが推定されます。

一方、1600回のシミュレーションが0.4秒で終わるというスピードは、アルファ碁論文の水準と比較したとしても圧倒的な速さです。1回のシミュレーションの中で一番重い処理は、デュアルネットワークを計算する部分で、シミュレーション1回当たり1回実行されます。6.2.1項において、デュアルネットワークの計算量が、

従来版アルファ碁のポリシーネットワークと比べると約6倍の計算量（積和計算の量）となることを説明しました。また、従来版アルファ碁においてポリシーネットワークの前向き計算が5ミリ秒程度かかっていた（2.3.6項参照）ことを利用しましょう。その場合、1600回の計算には、式6.6 のような時間がかかることになります。

5.0（ミリ秒／シミュレーション）×6×1600（シミュレーション）＝48秒

式6.6 1600回のシミュレーションに要する計算時間（従来版ポリシーネットワークの場合）

この計算をアルファ碁ゼロでは0.4秒と、100倍以上も速く計算できるというのはどういうことでしょうか？

これは想像に過ぎませんが、GCP（Google Cloud Platform）で使用可能なTPUを4個搭載したマシンを使っただろうというのが、筆者の仮説です。TPUは従来のGPUに比べて最大30倍程度高速に処理できると言われています。30倍高速なTPUを4個使うと、上記の差である100倍とほぼ一致することになります。

つまり、まとめるとアルファ碁ゼロの強化学習では、「TPUを4個搭載したマシン」を「1000台程度並列」することで、計算が3日で終わったのではないかということです。

ちなみに、この計算をCPUが1個しかないマシンで行うとどうなるでしょうか？ 従来型のGPUは、CPUの20倍以上高速と概算（2.3.6項参照）しました。さらにTPUは、従来型のGPUの30倍程度高速で、これが4個搭載されたマシンを1000台使ったということです。すべて掛け合わせると、式6.7 のように、2万年近く要するということになります。

3（日）×20（倍）×30（倍）×4（個）×1000（台）＝720万日
～ 1.97万年

式6.7 CPUが1個しかないマシンにおける計算時間

グーグル・ディープマインドが3日でできたと言っている計算量が、実はとてつもなく膨大な計算量であったということが、この概算からもわかっていただけるかと思います。

なおここで説明したアルファ碁ゼロの強化学習を再現することは、この膨大な計

算量のため、大変難しいと思われていましたが、分散型コンピューティングを用いた Leela Zero のプロジェクト（MEMO 参照）による再現が試みられています。

> **MEMO | Leela Zero のプロジェクト**
>
> Leela Zero のプロジェクトは、分散型コンピューティングにより、アルファ碁ゼロの強化学習を再現しようという試みです。つまり世界中の参加者のコンピュータの余剰処理能力などを利用して、学習作業を共同で行おうという試みです。
>
> 参加者は、以下の Web サイトからアルファ碁ゼロの強化学習に相当するコードをダウンロードすることができます。Leela Zero はランダム打ちの状態から着々と強くなり、2018 年 7 月時点の状況では既にトッププロのレベルに近づいているようです。なお Leela はアルファ碁以前からあった強豪囲碁 AI の名称で、本プロジェクトも Leela の開発者が主催しています。
>
> **leela-zero**
> URL https://github.com/gcp/leela-zero

6.4.3　アルファ碁ゼロの強化学習は何をやっているのか？

ではどのような仕組みで、デュアルネットワーク f_θ のパラメータ θ は、強いパラメータになっていくのでしょうか？　実は、局面評価関数の質を上げれば探索の質が上がる、深さ制御の質を上げれば探索の質が上がる、という**ゲーム木探索の性質**（MEMO 参照）をうまく利用しています。ここでは、そのカラクリを、勝率予測部と次の一手予測部とに分けて考えてみましょう。

> **MEMO | ゲーム木探索の性質**
>
> 4.3.2 項で述べた通り、ゲーム木探索で重要なことは、端的に言えば、次の 2 点に集約されます。
>
> ・いかにして重要な手を深く読むか
> ・リーフノード（末端局面）をいかに正確に評価するか
>
> 前者に対しては、重要な変化を深く読むための手法が、後者に対しては、勝率を正確に予測できる「評価関数」が重要となります。ゲーム木探索においては、より深い探索が重要であると同時に、評価関数の精度も同じように重要です。

まず、わかりやすい勝率予測部のパラメータ v から考えます。図6.10 (a) に示すように、まずパラメータ更新部における局面 s の処理に着目すると、デュアルネッ

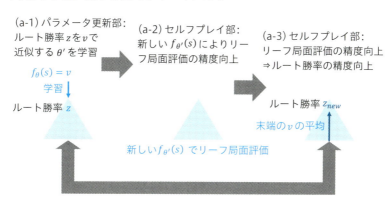

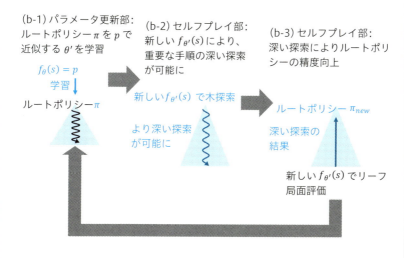

図6.10 アルファ碁ゼロの強化学習における2つの正のフィードバック構造

トワークf_θの勝率予測vを、ルートノードの勝率zに近づけるように新たなパラメータθ'を学習します（図6.10 (a-1)）。すると、次のセルフプレイ部のシミュレーションでは、新しいデュアルネットワーク$f_{\theta'}$により、リーフノードsの勝率予測vを計算します。したがって、このvの精度は、前回のシミュレーションよりも高まっていることが期待できます（図6.10 (a-2)）。一方、最終的に計算されるルートノードの勝率z_{new}は、リーフノードの勝率の平均値として決定されますので、z_{new}の精度も前回より高まると考えられます（図6.10 (a-3)）。すると次のパラメータ更新部では、精度の高まったz_{new}に合わせるように更新することとなります。このようにパラメータ更新部とセルフプレイ部の繰り返しには、正のフィードバック構造があり、θの精度はどんどん高まっていくことが期待できます。

　次に、「次の一手予測部」のパラメータに関してですが、これも同様の正のフィードバック構造があることを見ていきましょう。図6.10 (b) に示すように、まずパラメータ更新部におけるある局面sの処理に着目すると、デュアルネットワークf_θの次の一手予測確率pを、ルートノードの$N(s,a)$の分布πに近づけるように新たなパラメータθ'を学習します（図6.10 (b-1)）。すると、次のセルフプレイのシミュレーションの選択処理では、$p = f_{\theta'}$に基づくバイアスを用いるために、より重要な展開をより深く読むことが期待できます（図6.10 (b-2)）。一方、最終的に計算されるルートノードの$N(s,a)$の分布π_{new}は、より重要な展開を深く読んだ結果として得られるため、元のπの精度よりも高まると考えられます（図6.10 (b-3)）。このように「次の一手予測」の観点からも、正のフィードバック構造があり、θの精度はどんどん高まっていくことが期待できます。

　つまりこれらは、局面評価関数の質を上げれば探索の質が上がる、深さ制御の質を上げれば探索の質が上がる、という探索の基本原理をうまく利用しているわけです。特に、深い探索の結果得られる評価値を再び局面評価関数の学習対象とすると、見かけの探索深さがどんどん深くなっていきそうな気がします。

　本当に、このような正のフィードバックは生じるのでしょうか？ 実際のところ、以上の議論は仮説に過ぎず、試してみないことには、何とも言えません。場合によると、勝率予測パラメータの更新が誤った方向に進んでしまい、勝率の低い局面を勝率が高いと誤認識してしまう可能性があります。また次の一手予測パラメータも、重要でない局面を深く探索するようになってしまう可能性もあります。アルファ碁ゼロの開発者たちも、様々な仮説・アイデアを試す中で、今回の強化学習のフレームワークに到達したのだと思います。

6.4.4 強化学習の効果

アルファ碁ゼロの強化学習の効果については、アルファ碁ゼロ論文に挙げられていた図6.11を見るのがよいでしょう。ランダムプレイの初期状態は、**イロレーティング**（1.2.1項 MEMO参照）でいうと-3500点程度に相当するようです。ここから強化学習を進め、開始から24時間後には、3000点程度（プロレベル）に到達しています。さらに開始から36時間後には、2016年3月にイ・セドル九段と対戦した時点のアルファ碁（後述のAlphaGo Lee）を超え、開始から72時間後には人類最強レベルを超える4500点程度に達したとのことです。

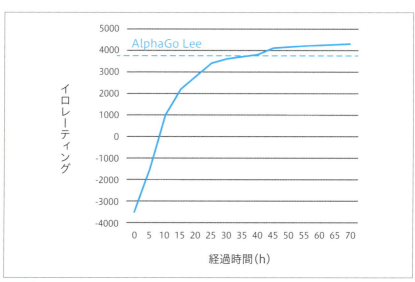

図6.11 アルファ碁ゼロの強化学習の結果。アルファ碁ゼロ論文の図を一部改変。最初はランダムパラメータでありレーティング-3500点からはじまるが、徐々に強くなり、72時間後には人類最強レベルに到達する

出典:『Mastering the game of Go without human knowledge』（David Silver、Julian Schrittwieser、Karen Simonyan、Ioannis Antonoglou、Aja Huang、Arthur Guez、Thomas Hubert、Lucas Baker、Matthew Lai、Adrian Bolton、Yutian Chen、Timothy Lillicrap、Fan Hui、Laurent Sifre、George van den Driessche、Thore Graepel、Demis Hassabis、nature、2017）、Figure 3より引用

URL https://deepmind.com/documents/119/agz_unformatted_nature.pdf

6.4.5　アルファ碁ゼロの強化学習手法のまとめとその後の進展

　ゲームAIに強化学習を適用するメリットとして、教師付き学習の場合必須となる訓練データが必要ないということが挙げられます。そのため、そもそもプレイデータを得られにくいゲームや、既に強くなり教師データが作りにくくなったAIに対しては有効な技術となります。一方、強化学習を適用する別のメリットとして、何の知識も持たない状態から、人並みの知識や、これまで知られていなかった新たな知見を獲得できることが挙げられます。

　以前から囲碁や将棋においては、従来版よりも少し強いAIを作るための強化学習手法や、何の知識もない状態から少し強くなる（例えば将棋の駒価値を学習する）ような、強化学習手法は知られていました。これに対し、アルファ碁ゼロは、知識をまったく持たない状態から、プロ棋士をはるかに超えるレベルまで「一気に」強くするという、極めて強力な強化学習フレームワークを作り上げました。また強化学習の中で得られた新たな知見の例として、アルファ碁ゼロ論文は、これまで知られていなかった新たな定石をアルファ碁ゼロが生み出したことについても触れています。アルファ碁ゼロは、「経験に学ぶ」強化学習技術の集大成と言えるでしょう。

　なおグーグル・ディープマインドは、2017年12月に将棋やチェスでも、アルファ碁ゼロと同様の強化学習手法（これを、アルファゼロと呼んでいる）により、ゼロから最強レベルのAIで、ゼロから従来最強ソフトレベルのAIを作り出すことができるという論文（MEMO参照）を公開しました。実際、論文中では従来最強の将棋ソフトである『Elmo』と、最強のチェスソフト『Stockfish』に対して、1日程度の強化学習により勝ち越せるようになるという実験結果を示しています。

　さらに2018年2月には、モンテカルロ木探索のパラメータ更新処理自体を適応的に変化させるMCTSnetと呼ばれる手法（MEMO参照）を公開しました。この手法自体は、ボードゲームではなく、倉庫番と呼ばれるコンピュータパズルゲームを解くのに有効であることが示されています。

> **MEMO** チェスや将棋でもアルファ碁ゼロと同様の手法が
> うまくいくことを示した「アルファゼロ」に関する論文

『Mastering Chess and Shogi by Self-Play with a General Reinforcement Learning Algorithm』
(David Silver、Thomas Hubert、Julian Schrittwieser、Ioannis Antonoglou、Matthew Lai、Arthur Guez、Marc Lanctot、Laurent Sifre、Dharshan Kumaran、Thore Graepel、Timothy Lillicrap、Karen Simonyan、Demis Hassabis、2017)
URL https://arxiv.org/pdf/1712.01815.pdf

> **MEMO** MCTSnetに関する論文
>
> アルファ碁ゼロのモンテカルロ木探索(MCTS)における、Selection、Backup、最終的な手の選択などの処理を、固定の計算式により行うのではなく、ディープラーニングモデルを用いて適用的に学習する手法について、次の論文に述べられています。倉庫番ゲームの強化学習に成功したとのことです。

『Learning to Search with MCTSnets』
(Arthur Guez、Théophane Weber、Ioannis Antonoglou、Karen Simonyan、Oriol Vinyals、Daan Wierstra、Rémi Munos、David Silver、2017)
URL https://arxiv.org/pdf/1802.04697.pdf

　アルファ碁で今回使われたような強化学習手法を使うと、新しい問題に対する解決法をAI自らが生み出すことができるようになるかもしれません。本書執筆時点(2018年7月現在)は膨大な計算量を要していますが、計算量の問題が解決されれば、ゲーム開発の実装工数の削減や、実問題の解決など応用の裾野が広がっていくかもしれません。

05 アルファ碁ゼロの強さ

> 本節では、従来版アルファ碁からアルファ碁ゼロに至るまでの強さの変遷について説明します。

最後にアルファ碁ゼロの強さの変遷についてアルファ碁ゼロ論文を元に触れてみましょう。アルファ碁ゼロ論文では、アルファ碁の進化の過程を以下の4段階に分け、これら4つを、1手4秒以内のルールで、繰り返し対戦させることで、強さの指標であるイロレーティングを算出しています。

- 従来版アルファ碁（AlphaGo Fan）
- イ・セドル戦版（AlphaGo Lee）
- マスター（AlphaGo Master）
- アルファ碁ゼロ（AlphaGo Zero）

なお最後のアルファ碁ゼロ（AlphaGo Zero）としては、6.2節で説明した19段ではなく、39段の残差ブロックを持つデュアルネットワークが使われています。つまり全体で80層程度のデュアルネットワークを用いたということになります。

図6.12（a）に最終的に得られたイロレーティングと、4バージョンの詳細と対戦時のハードウェア構成を、図6.12（b）に対戦の結果得られたイロレーティングを示しています。

AlphaGo Fan、AlphaGo Leeについては、当時の強さを再現するため、当時用いられたハードウェア構成をそのまま使っています。一方、AlphaGo Master、AlphaGo Zeroについては、4TPUマシン1台で動かしています。結果、AlphaGo Zeroのレーティングは、5185点に達しています。これは人類最強プレイヤのレーティングを高めに見積もって4000点であったとしても、1000回に1回程度しか勝てない水準です。

(a) アルファ碁の4バージョンのイロレーティング

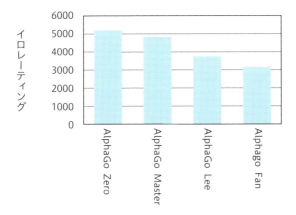

出典：『Mastering the game of Go without human knowledge』(David Silver、Julian Schrittwieser、Karen Simonyan、Ioannis Antonoglou、Aja Huang、Arthur Guez、Thomas Hubert、Lucas Baker、Matthew Lai、Adrian Bolton、Yutian Chen、Timothy Lillicrap、Fan Hui、Laurent Sifre、George van den Driessche、Thore Graepel、Demis Hassabis、nature、2017)、Figure 4より引用

URL https://deepmind.com/documents/119/agz_unformatted_nature.pdf

(b) アルファ碁の4バージョンの詳細

	対戦成績	使われている技術	対戦に用いたHWスペック
AlphaGo Fan（従来版アルファ碁）	2015年10月にFan Hui二段に勝利	アルファ碁論文(本書第5章までで説明したもの)	176GPU、48 TPU
AlphaGo Lee	2016年3月にイ・セドル九段に勝利	AlphaGo Fanと下記の点で異なる・自己対戦による強化学習により得たポリシーネットを利用・14層より深いネットワークを利用	176GPU、48 TPU
AlphaGo Master	2017年1月に囲碁対戦サイトで60勝0敗と人間に圧勝	AlphaGo Zeroと下記の点で異なる・MCTSでは、AlphaGo Fan同様の特徴量を用いたプレイアウトを利用	4 TPU
AlphaGo Zero（アルファ碁ゼロ）	AlphaGo Masterに89勝11敗	アルファ碁ゼロ論文(ただし残差ブロック39段のネットワークを利用)	4 TPU

図6.12 アルファ碁の (a) 強さの変遷と (b) 各バージョンの概要（共にアルファ碁ゼロ論文より引用）

06 アルファ碁ゼロは知識ゼロから作られたのか？

  本節では、アルファ碁ゼロの謳い文句となっている「たった3日で」「ゼロから」「1台のマシンでも動く」の各ポイントについて、著者の見解を述べます。

本章ではここまで、アルファ碁ゼロで使われている、ディープラーニング、探索、強化学習の各技術について説明しました。いずれの手法も、これまでの囲碁AIに関する研究や、従来版アルファ碁の技術や知見を利用したものであることを説明してきました。「アルファ碁ゼロ」という名前が付いてはいるものの、本当に知識ゼロから作られたわけではないことを、わかっていただけたでしょうか。「アルファ碁ゼロ」もまた、人間の創意工夫と試行錯誤の賜物なのです。

ここではアルファ碁ゼロの謳い文句となっている「たった3日で」「ゼロから」「1台のマシンでも動く」の各ポイントについて、著者の見解を述べます。

アルファ碁ゼロの強化学習はたった3日で終わったのか？

アルファ碁ゼロ論文によると、アルファ碁ゼロの学習のプロセスは確かに72時間で終わったとのことです。ただし、この3日間という数字は、著者の推測では、4TPU搭載マシン1000台程度の環境を使った結果です。これに対し、CPU1個のマシンを使った場合、著者の概算では20000年近くかかるようです。グーグル・ディープマインドの計算リソースには脱帽するしかないですが、3日というのは、簡単に計算できるという意味ではないことは強調しておきたいと思います。

アルファ碁ゼロは人間の知識を使わずにゼロから学習したのか？

アルファ碁ゼロの論文によると、最終的に作られた強化学習フレームワークは、確かに、ほとんど囲碁の知識なしに動いています。ただしフレームワークの詳細を見ていくと、デュアルネットワークの構造の与え方、新しいMCTSの考え方、強化学習における訓練データ π, v の与え方などは、これまでの知見を元に巧みに設計されたものです。また論文に現れていない部分では、今回の手法に至るまでの様々な

試行錯誤やパラメータチューニングの職人芸が含まれていると思われます。決して、アルファ碁ゼロが自らの力のみで強くなったわけではないという点は強調しておきます。

アルファ碁ゼロはマシン1台でも強いのか？

　アルファ碁ゼロの論文によると、最強レベルの人間プレイヤを圧倒したAIは、確かにマシン1台であったとのことです。ただし、ここでのマシン1台は、4TPU搭載マシンを指しています。これは著者の概算ではCPU2400個の並列に相当する膨大な計算量になります。決して、我々が簡単に入手できるようなマシン上ではアルファ碁ゼロの強さを再現できるわけではないことを強調しておきます。

　以上のように、多少誇張されているように思える部分があるものの、ゲームAI最難関の1つである「囲碁」が、強化学習を元にして突破されたということは事実です。ゲームAIは、コンピュータハードウェアと、機械学習・強化学習技術の発展に伴って進歩してきましたが、その集大成であるアルファ碁ゼロの登場により、ゲームは、AIの最初のモチーフとしての役割を終えたのかもしれません。

07 アルファ碁やアルファ碁ゼロに弱点はあるのか?

ここでは、アルファ碁やアルファ碁ゼロの弱点の可能性について説明します。

6.7.1 アルファ碁やアルファ碁ゼロの弱点の可能性

ここまで、ひたすらアルファ碁やアルファ碁ゼロの強さ、凄さばかりを強調してきました。それでは、アルファ碁やアルファ碁ゼロに弱点はないのでしょうか? 表に出た棋譜が少ないため何とも言えない部分もありますが、弱点の可能性についても、少し議論しておきたいところです。

アルファ碁は、モンテカルロ木探索ベースなので、攻め合いなど、よい手が1手しかないような手順が長く続くようなケースは、苦手なはずです。

本書が参照しているアルファ碁論文によれば、27手先まで木を展開できる場合があるとのことですが、これはポリシーネットワークでかなり高い確率が付く手順の場合でしょう。ポリシーネットワークのような確率的な評価では、どうしても重要な手に低い確率が付く場合があります。したがって重要な手をうまく拾い上げられず、深く探索できない場合が出てきます。

「神の一手」(MEMO参照)と言われた第4局のイ・セドル九段の78手目に対する応手を、アルファ碁が読み切れなかったのも、変化手順の中に「石塔しぼり」と呼ばれる10手を超える定石が絡んでいたためとも言われています。またコウ争いの手順も、数十手に達するような場合があり、苦手なはずです。

> **MEMO** 「神の一手」
>
> イ・セドル九段がアルファ碁との対戦の第4局の白番78手目に打ったワリコミ(相手の石の間に割り込んで打つこと)の一手は、アルファ碁を混乱させ、逆転を導く一手となりました。そのため関係者の間では、「神の一手」と呼ばれています。

またモンテカルロ木探索には、「有利になると、必ずしも最善手とは言えない緩んだ手を打つ」という傾向があります。これはモンテカルロ木探索では、どれくらい多く勝てるかではなく、単に勝ち負けだけを評価していることに起因します。結果として、有利な時には、より多く勝とうとするのではなく、「勝ちさえすれば何でもよい」といった、投げやりな手が続く場合があります。このことは、仮に人間側が不利になったとしても、そこから不利が拡大していくとは限らないということです。このあたりに付け入る隙があるかもしれません。

　さらに、今後アルファ碁やアルファ碁ゼロのソフトウェアが公開される等により、十分に対戦する機会が与えられれば、対人間では考えられないような弱点が発見される可能性もあります。合理的な手ではありませんが、コンピュータのミスを誘うような戦略をアンチコンピュータ戦略といいます。既にトッププロの実力を超えたと言われる将棋でも、「わざと誘いの隙を作って角を打たせ、その後、生け捕りにする」といったアンチコンピュータ戦略によって、最近は人間がAIに善戦する例もあります。

　なおアルファ碁の手法の公開から2年以上たった現在（2018年7月時点）、アルファ碁の技術を取り込んだ多くの囲碁AIが登場しており、そのうちのいくつかはトッププロのレベルを超えています。

　これらのソフトウェアと人間プレイヤとの対戦やソフトウェア同士の対戦の中で、アルファ碁やアルファ碁ゼロの技術の弱点が明らかになってくる可能性もあるでしょう。

08 アルファ碁ゼロの先の未来

ここでは、アルファ碁ゼロ以降の囲碁界の未来と人工知能の課題について私見を述べます。

6.8.1　囲碁界の未来はどうなるのか？

　囲碁AIはトッププロのレベルを超えました。それでは、囲碁界はこれからどうなっていくのでしょうか？　また囲碁棋士という職業はどうなっていくのでしょうか？

　この問いの答えがどうなるかはわかりませんが、いちはやくAIがトッププロレベルを超えたチェス界の例を紹介しておきましょう。まずチェスの世界では、1997年にチェスAIのディープブルー（1.1.1節のMEMO参照）が、世界チャンピオンのガルリ・カスパロフ（1.1.1節のMEMO参照）を倒したことは既に述べました。

　しかしその後、「チェス人口が極端に減っている」「人間のトッププレイヤの威厳が失われている」ということは特にないようです。ただし、チェスの習得や研究のために、AIを利用することは、もはや当たり前となっています。むしろAIを取り込めないプレイヤは脱落してしまうため、AIを利用することに抵抗感が小さいと考えられる若手トッププレイヤのイロレーティングが、以前よりも高くなる傾向があるようです。また今や新しい定石のほとんどをAIが生み出すようになっています。

　以上のAI台頭以前と以後におけるチェス界の変化の話は、下記の参考書籍（MEMO参照）に詳しく書かれています。なお囲碁や将棋の世界でも、AIを研究に取り入れるプロ棋士が増えており、最近では、AIが多くの定石を生み出しています。

 MEMO │ 参考書籍

『ディープシンキング，人工知能の試行を読む』
（ガルリ・カスパロフ著、羽生善治 解説、染田屋茂 訳、日経BP社、2017）

6.8.2 AIの課題

　アルファ碁に使われた、ディープラーニングや強化学習は今も、ものすごい勢いで進歩しています。それでは、AIはこれからどうなっていくのでしょうか？

　最近巷では、「AIにより○○に成功した」といった記事や情報があふれています。実際、ディープラーニングにより、画像認識、音声認識、自然言語処理といった分野の主要なタスクにおいて、以前では考えられなかった認識率を達成し、一部の分野では人間の認識能力を超えつつあります。また「2045年には人工知能が人間の知能を超えるシンギュラリティ（MEMO参照）がやってくる」といった予測も話題になっています。このような情報の氾濫の中で、私たちは大量のデータにAIを適用すれば、たちどころに有益な知識を引き出せる万能AIができる、といった錯覚に陥りがちです。

> **MEMO** | **シンギュラリティ**
> 　AIが人類の知能を超える転換点（技術的特異点）のことを指します。米国の未来学者レイ・カーツワイルが、提唱しています。

　しかし、ここまで読み進めた読者の方は、今現在のAIの「機械学習」とは単にパラメータチューニングに過ぎず、人間の「学習」とは異なることにお気付きでしょう。アルファ碁は開発者の創意工夫と試行錯誤の賜物であり、決して、自ら知性を獲得したものではありません。人間の力を借りずに、AIが自ら創造性を発揮して、何かを創造するなどということは、まだ夢物語です。

　AI技術が今後克服すべき課題として、次の3つを挙げておきましょう。

モデル化の課題

　本書で中心的な話題であった囲碁の「次の一手」タスクを見てもわかる通り、複雑なタスクに対しては、AIのモデル化は人手に依存する割合が大きいです。例えば、第2章で述べた従来版アルファ碁のポリシーネットワークの構造を見ると次のような疑問がわいてきます。

- なぜ入力は48チャネルなのか
- なぜ入力は0-1か
- なぜ13層か
- なぜフィルタは192枚か

また従来版アルファ碁のポリシーネットワークとバリューネットワークとを元に作られたと考えられるアルファ碁ゼロのデュアルネットワークに対しても、

- なぜ入力は17チャネルなのか？
- なぜ次の一手予測部と勝率予測部を分岐させたか？
- なぜ次の一手予測部には全結合層があるのか？

など、新たな疑問がわいてきます。

　上記の問いに答えられるのは、忍耐強く試行錯誤を繰り返した開発者だけであり、その背後に多くのノウハウが隠れています。

　またモンテカルロ木探索においては、「地の大きさの差」ではなく、敢えて情報を落とし、「勝ち負け」を結果として採用したことが囲碁AIのブレークスルーにつながったことは既に第4章の4.5節で言及しました。

　また強化学習においても、強くなるはずのモデルが必ずしも強くならない場合があることを既に第3章の3.6.3項で言及しました。

　これらの予想外のAIの振る舞いを「発見」したのは人間です。また本章で垣間見たアルファ碁の絶妙なモデルの組合せを考えたのも人間です。

　現在のところ、深い洞察に基づく創意工夫と試行錯誤は人間の領域です。人間によるサポートがまったくなしに、AI自身が目的に合ったモデル化を実現するのは、まだ難しいように思われます。

不得意なタスクの存在

　コンピュータは、ルールや目標がしっかり決まったタスクは得意です。例えば強い囲碁AIを作ることはこの範疇です。

　一方で、「弱いAIをどう作るか」という問題は案外難しいものです。接待麻雀ではありませんが、ただ負けられるだけではなく、相手を気分よく勝たせないといけ

ません。こういった課題は、明確な指標が作りづらく難しいのです。

またAIは時々刻々とルールが変わるタスクは苦手です。ディープラーニングの場合、膨大なパラメータを学習するために膨大な学習データが必要なことは第2章の2.3.7項で述べました。大量の学習データを得るためには、ルールが変わらずに長期間データを採り続けられることが望ましいとされています。囲碁や将棋といったゲームの世界では、大昔からルールがほとんど変わらず、AIの学習に適した分野なのです。「ルールが変わるならば強化学習で対応すればよい」という考え方もありますが、ルールの変わり方自体に法則性がなければ、強化学習の適用は難しいでしょう。

説明性の課題

AIの産業応用を阻む要因として、学習により得られたモデルが「開発者自身も理解できない」という課題があります。例えば第2章で解説した 図2.25 の囲碁のSLポリシーネットワークの学習結果は、結果だけを見ても何を捉えているのかわかりにくいですし、ましてや、なぜそうなったかは誰も説明できません。

例えば自動運転のような「失敗すると人体に危害が及ぶようなリスクの高い意思決定をAIに委ねられるか」ということを考えると、説明性の重要さがわかるかもしれません。

ところで囲碁のプロ棋士の重要な仕事として、棋譜の解説があります。余談ですが、ある棋士に、棋譜の解説の極意を伺ったところ、「最善手ではなく、相手にとってわかりやすい手を敢えて挙げて、解説する場合もある」と知り、なるほどと思ったことがありました。こう言った芸当は、AIにはまだ難しいかもしれません。囲碁棋士は、本業はともかく解説の仕事は、当分なくなりそうにありません。

まだまだ技術的な壁は厚いのですが、これらの課題が解決した暁には、ひょっとすると「人工知能が人間の知能を超えるシンギュラリティ」がやってくるかもしれません。私たちは、しばらくAIの進歩から目を離せません。

Appendix 1

数式について

ここまでの、ディープラーニングや強化学習といった学習アルゴリズムの説明においては、なるべく数式には踏み込まず、学習の考え方や最適化の仕組みを中心に解説してきました。

一方で、本書で参照しているアルファ碁論文やアルファ碁ゼロ論文に現れる数式は、基本的かつ重要な内容を含んでいます。ディープラーニングや強化学習を自分で実装するためには、数式レベルで詳細を理解することが不可欠なため、付録でまとめて説明することにしました。そうした数式に興味のある方はぜひご一読ください。

01 畳み込みニューラルネットワークの学習則の導出

 ここでは、本書で説明した畳み込みニューラルネットワーク（CNN）である、SLポリシーネットワークとバリューネットワークの学習則を導出します。またアルファ碁ゼロに使われているデュアルネットワークの損失関数について補足説明します。

A1.1.1　SLポリシーネットワークの学習則の導出

最初にSLポリシーネットワークの学習則を導出します。

まずSLポリシーネットワークへの入力局面s^kと正解ラベルa^kのペア(s^k, a^k)からなる学習データ$(s^1, a^1), (s^2, a^2), \cdots, (s^M, a^M)$を考えます。ここで$M$は学習データの数です。

また正解であるa_k番目の$t_{a_k}^k$だけ1とし、残りを0とする、A個の変数$t_0^k, t_1^k, \cdots, t_A^k$を考えます。$A$は手の候補全体で、例えばすべてのマスを候補と考える場合$A = 19 \times 19 = 361$となります。

また重みパラメータをwとするSLポリシーネットワークは、局面sを入力に採り、手aを選択する確率$p_w(a|s)$を出力します。よって個々の入力局面s_kと手aに対して、入出力の関係式$y_a^k = p_w(a|s^k)$が成り立ちます。ここでy_a^kは、局面s^kにおいて手aを選択する予測確率を表します。

SLポリシーネットワークの学習は、損失関数の一種である交差エントロピー誤差（式A1-1）を最小にすることを目指します。

$$L_w = -\sum_{k=1}^{M}\sum_{a=1}^{A} t_a^k \log y_a^k \quad (1)$$

式A1-1　交差エントロピー誤差

ここでk番目の学習データに対応するt_a^kは、正解である$a = a^k$の時のみ1となることを利用すると、L_wは式A1-2のように表せます。

$$L_w = -\sum_{k=1}^{M} \log y_{a^k}^k = -\log \prod_{k=1}^{M} y_{a^k}^k = -\log \prod_{k=1}^{M} p_w(a^k|s^k) \quad (2)$$

式A1-2 $a = a^k$ の時のみ1となることを利用した L_w の変形

本文中で述べたように、確率的勾配降下法（SGD）を用いる場合の w の更新操作は、α を学習率として、**式A1-3** のように書けます。

$$w \leftarrow w + \alpha\Delta w, \qquad \Delta w = -\frac{\partial L_w}{\partial w} \quad (3)$$

式A1-3 確率的勾配降下法（SGD）によるパラメータ w の逐次更新式

この **式A1-2** と **式A1-3** とを利用すると、**式A1-4** のように勾配 Δw を計算することができます。

$$\Delta w = -\frac{\partial L_w}{\partial w} = \frac{\partial \log \prod_{k=1}^{M} p_w(a^k|s^k)}{\partial w} = \sum_{k=1}^{M} \frac{1}{p_w(a^k|s^k)} \frac{\partial p_w(a^k|s^k)}{\partial w} \quad (4)$$

式A1-4 勾配 Δw の計算方法

したがって、SLポリシーネットワークの学習のフローチャート（第2章の **図2.24** ）のStep4では、この Δw を用いてパラメータの更新を行います。なお **式A1-4** の最右辺にある $\frac{\partial p_w(a^k|s^k)}{\partial w}$ はSLポリシーネットワークの誤差逆伝搬法により得られます。

A1.1.2　バリューネットワークの学習則の導出

次にバリューネットワークの学習則を導出します。

バリューネットワークの学習則の導出は、概ねSLポリシーネットワークの場合と同様にできますが、学習の目的が次の一手の選択ではなく、勝率予測であるため、少し考え方が異なります。

重みパラメータをθとするバリューネットワーク$v_\theta(s)$は、局面sを入力に採り、勝率予測値を出力します。そこで今回の学習データの正解ラベルzは、勝率に相当する-1.0以上1.0以下の値を採るものとします。具体的には、入力局面s^kと正解ラベルz^kのペア(s^k, z^k)を用いて、学習データは、$(s^1, z^1), (s^2, z^2), \cdots, (s^M, z^M)$となります。

したがって今度は、個々の入力s^kに対し、入出力の関係式$y^k = v_\theta(s^k)$が成り立ちます。ここでy^kは局面s^kにおける勝率予測値を表します。この場合、損失関数としては、正解ラベルと勝率予測値との二乗誤差（ 式A1-5 ）を用います。

$$L_\theta = \sum_{k=1}^{M} (z^k - y^k)^2 \quad (5)$$

式A1-5 正解ラベルと勝率予測値の二乗誤差

この時、 式A1-3 のパラメータwをθに読み替え、 式A1-5 を代入すると、 式A1-6 のようになり、勾配$\Delta\theta$が得られます。

$$\Delta\theta = -\frac{\partial L}{\partial \theta} = \sum_{k=1}^{M} 2(z^k - v_\theta(s^k)) \frac{\partial v_\theta(s^k)}{\partial \theta} \quad (6)$$

式A1-6 勾配$\Delta\theta$の計算方法

したがって、SLポリシーネットワークの学習のフローチャート（第2章の 図2.24 ）のStep4の部分の勾配Δwを、 式A1-6 に置き換えれば、バリューネットワークの学習を行うことができます。なお 式A1-6 の最右辺にある$\frac{\partial v_\theta(s^k)}{\partial \theta}$はバリューネットワークの誤差逆伝搬法により得られます。

A1.1.3 デュアルネットワークの損失関数に関する補足

最後にアルファ碁ゼロで使われたデュアルネットワークの損失関数の詳細を説明します。

重みパラメータをθとするデュアルネットワーク$f_\theta(s)$は、局面sを入力に取り、手aが出力である確率$p(s,a)$と黒の勝率$v(s)$の2つを出力します。

ここでは、入力局面s^kと正解データπ^k, z^kの組からなるM個の学習データ$\{(s^k, \pi^k, z^k)\}_{k=1}^{M}$が得られたとして、デュアルネットワークの学習手法を説明しましょう。

ここで正解データの1つπ^kは、局面s^kにおいて、各手aが打たれる確率を、A次元ベクトルで表したものです。ここでAは手の候補の総数を表します。具体的には、全ての交点の合計361に、何もしない「パス」を加えた362となります。

教師付き学習のように正解ラベルがただ1つa^*である場合は、a^*番目の成分だけ1とし残りを0としたA次元ベクトル$\pi^k = \{\pi_a^k\}_{a=1}^{A}$で表します。一方アルファ碁ゼロの強化学習の場合のように、正解ラベルを1つではなく、複数手の確率分布を利用する場合は、各手aの確率値をA次元ベクトルの要素π_a^kとして採用します。

次にもう1つの正解データz^kは、最終的な勝ち負け（黒勝ちならば$+1$、白勝ちならば-1）を表します。

この場合の損失関数L_θを、アルファ碁ゼロでは 式A1-7 で定義しています。

$$L_\theta = \sum_{k=1}^{M}\left\{(z^k - v^k)^2 - \sum_{a=1}^{A}\pi_a^k \log p_a^k\right\} + c\sum_{i}\theta_i^2 \quad (7)$$

式A1-7 損失関数L_θ

なお、ここでは前節までの表記に合わせ、$p_a^k \equiv p(s^k, a), v^k \equiv v(s^k)$と書き換えました。

このうち$(z^k - v^k)^2$の部分はzとvの二乗誤差を表し、これは従来版アルファ碁のバリューネットの損失関数と同じです（Appendix 1のA1.1.2項参照）。次に$\sum_{a=1}^{A}\pi_a^k \log p_a^k$の部分は、$\pi^k = \{\pi_a^k\}_{a=1}^{A}$と$p^k = \{p_a^k\}_{a=1}^{A}$の間の交差エントロピー誤差を表し、これは従来版アルファ碁のポリシーネットワークの損失関数と同じです（Appendix 1のA1.1.1項参照）。最後に$\sum_{i}\theta_i^2$は、パラメータθが過学習す

ることを防ぐための正則化（MEMO参照）です。

　ここで示した損失関数は、基本的には、ポリシーネットワークの損失関数とバリューネットワークの損失関数とを加えたものなので、オーソドックスなものと言えるでしょう。

MEMO | 正則化と正則化項

　正則化とは、パラメータ θ の大きさにペナルティを掛けることで過学習（2.3.9項参照）を防ぐための手法のことです。ニューラルネットワークの正則化は、過重減衰（weight decay）と呼ばれることもあります。

　正則化のためのペナルティ項のことを正則化項と呼びます。ここでは各パラメータの二乗和を正則化項として利用しています。θ_i が大きくなると、この正則化項が大きくなることから、パラメータ θ_i が無駄に大きくならないように誘導します。つまり正則化には、過学習を防ぎ、データに合った単純なモデルを作る効果があります。

02 強化学習の学習則の導出

 ここでは、本書で現れた強化学習のうち、方策勾配法の学習則の導出について述べます。

A1.2.1　アルファ碁のRLポリシーネットワークの強化学習手法における学習則の導出

最初に、方策勾配法を用いる、アルファ碁のRLポリシーネットワークの強化学習手法について解説します。ここではRLポリシーネットワークを方策と考え、期待収益$J(\rho)$を最大化するようなRLポリシーネットワーク$p_\rho(a|s)$のパラメータρを求めます。

なお、第3章で述べた通り、RLポリシーネットワーク$p_\rho(a|s)$は、SLポリシーネットワークと構造がまったく同じ畳み込みニューラルネットワークとなっています。

RLポリシーネットワーク（CNN）の学習は、SLポリシーネットワークの重みの値を初期値とし、パラメータρを 式A1-8 のように、逐次更新する方針でした。

$$\rho = \rho + \alpha\Delta\rho, \qquad \Delta\rho = \frac{\partial J(\rho)}{\partial \rho} \quad (8)$$

式A1-8　RLポリシーネットワーク$p_\rho(a|s)$のパラメータρの逐次更新式

勾配$\Delta\rho$は、方策勾配定理と言われる定理を用いると、行動価値関数$Q(s,a)$を用いて、式A1-9 のように近似することができます。詳細は参考書籍（MEMO参照）をご覧ください。

$$\begin{aligned}
\Delta\rho &= E_{p_\rho}\left[\frac{\partial p_\rho(a|s)}{\partial \rho}\frac{1}{p_\rho(a|s)}Q(s,a)\right] \\
&= E_{p_\rho}\left[\frac{\partial}{\partial \rho}\log p_\rho(a|s)\,Q(s,a)\right] \qquad (9)\\
&\sim \frac{1}{N}\sum_{i=1}^{N}\frac{1}{T}\sum_{t=1}^{T}\frac{\partial}{\partial \rho}\log p_\rho(a_t^i|s_t^i)\,Q(s_t^i,a_t^i)
\end{aligned}$$

式A1-9 方策勾配法に基づく勾配 $\Delta\rho$ の近似

> **MEMO｜方策勾配法に関する参考書籍**
>
> 方策勾配法に関しては、次の書籍の1.4節に詳しく書かれています。
>
> **『これからの強化学習』**
> (牧野 貴樹、澁谷 長史、白川 真一 著・編集、浅田 稔、麻生 英樹、荒井 幸代、飯間 等、伊藤 真、大倉 和博、黒江 康明、杉本 徳和、坪井 祐太、銅谷 賢治、前田 新一、松井 藤五郎、南 泰浩、宮崎 和光、目黒 豊美、森村 哲郎、森本 淳、保田 俊行、吉本 潤一郎 著、森北出版、2016年)

ここで N は対局の総数であり、T は各対局の手数です（簡単のためどの対局も T 手で終わるとしました）。また s_t^i および a_t^i は、それぞれ i 番目の対局の t 手目の局面およびその局面で採った行動（つまり打った位置）を表します。E_{p_ρ} は方策 p_ρ を採った場合の期待値を表します。**式A1-9** の最後の式は、N 回の自己対戦結果に基づく、期待値の近似を表しています。

式A1-9 において、$Q(s_t^i, a_t^i)$ の部分を時刻 t の報酬で近似するアルゴリズムをREINFORCEアルゴリズムと呼びます。アルファ碁では、同じ対局の手の報酬はすべて同じ値 z_T^i（つまり勝ちならば1、負けならば−1）で近似する方針を採ります。**式A1-9** において $Q(s_t^i, a_t^i)$ を報酬 z_T^i で置き換えると、**式A1-10** となります。

$$\Delta\rho \sim \frac{1}{N}\sum_{i=1}^{N}\frac{1}{T}\sum_{t=1}^{T}\frac{\partial}{\partial \rho}\log p_\rho(a_t^i|s_t^i)\,z_T^i \qquad (10)$$

式A1-10 アルファ碁の強化学習における $\Delta\rho$ の近似法（REINFORCEアルゴリズム）

したがって、RLポリシーネットワークの学習のフローチャート（第3章の **図3.14**）のStep4では、この $\Delta\rho$ を用いてパラメータの更新を行います。

なおREINFORCEアルゴリズムでは、状態s_tにしか依存しない関数$b(s_t)$（この$b(s_t)$はベースライン関数と呼ばれます）を用いて、z_tの部分を$z_t - b(s_t)$で置き換えても、得られる期待値が変わらないことが知られています。したがって、分散が小さくなるような$b(s_t)$を利用することがよくあります。RLポリシーネットワークの学習においても、$b(s_t)$として、バリューネットワークによる勝率評価値$v(s_t^i)$を用いる工夫について述べられています。この場合、 式A1-10 のz_T^iの部分を$z_T^i - v(s_t^i)$で置き換えることになります。

式A1-10 のz_T^iをそのまま用いる場合は、ある対局に関するすべての学習データを同じ重みで扱っていることになります。それに対し、$z_T^i - v(s_t^i)$で置き換えた場合は、既に優劣が決している（つまり勝率予測値$v(s_t^i)$が1に近くなる）ような局面は、$z_T^i - v(s_t^i)$が小さくなるため、軽視されることになります。逆に、勝敗の予測が難しい（つまり$v(s_t^i)$が0に近い）局面や、最終的な勝敗（つまりz_T^iのことです）と勝率予測による勝敗が逆転するような局面は、$z_T^i - v(s_t^i)$が大きくなり、そのような局面を重視した学習が行われることになります。アルファ碁論文によると、この工夫の結果として、性能を上げる効果があったとのことです。

A1.2.2　迷路の例の方策勾配法の学習則の導出

最後に、方策勾配法の適用事例として本書で述べた、迷路の事例の学習則について述べます。迷路の例では、各状態sと行動aの組に1つのパラメータ$\pi(s,a)$を割り当て、このパラメータに関するソフトマックス関数を方策関数$p_\pi(a|s)$と考えています。つまり$p_\pi(a|s)$は 式A1-11 のようになります。

$$p_\pi(a|s) = \frac{e^{\pi(s,a)}}{\sum_b e^{\pi(s,b)}} \quad (11)$$

式A1-11 迷路の例の方策関数$p_\pi(a|s)$

ここでは方策勾配法を用いて、期待収益を最大化するような、方策関数$p_\pi(a|s)$のパラメータ$\pi(s,a)$を求めます。

なお迷路の事例では1エピソードごとにパラメータ更新するので$N=1$とします。またゴールに至る場合にのみ報酬1が得られると考えたので、$t=T$の場合のみ$z_T^i = 1$とし、$t \neq T$の場合は$z_T^i = 0$とします。この時、 式A1-10 は、 式A1-12 のように書き換えられます。

$$\Delta\pi(s,a) \sim \frac{1}{T}\sum_{t=1}^{T}\frac{\partial}{\partial\pi(s,a)}\left(\pi(s_t,a_t) - \log\sum_b e^{\pi(s_t,b)}\right)$$

$$= \frac{1}{T}\left(N_1 - N_0\frac{e^{\pi(s,a)}}{\sum_b e^{\pi(s,b)}}\right) \qquad (12)$$

$$= \frac{1}{T}\left(N_1 \cdot (1 - p_\pi(a|s)) - N_2 \cdot p_\pi(a|s)\right)$$

式A1-12 迷路の強化学習における勾配 $\Delta\pi(s,a)$ の近似法

N_0：当該エピソードで、マス s を通った回数
N_1：当該エピソードで、マス s で行動 a を採った回数
N_2：当該エピソードで、マス s で行動 a 以外を採った回数

式A1-12 の最後の式において、$(1 - p_\pi(a|s))$ および $p_\pi(a|s)$ は、いずれも正であるため、ゴールまでの経路の中で、行動 a を採った回数 $(= N_1)$ が多い場合は $\pi(s,a)$ が大きくなるように、a 以外の他の行動を採った回数 $(= N_2)$ が多い場合は $\pi(s,a)$ が小さくなるように更新されます。

結果として、3.4.2項で述べたように、ゴールまでの経路に含まれた行動に関する確率が高まるように、逆に経路に含まれない行動の確率が低くなるようにパラメータが更新されることになります。

このようなやり方で、1エピソードごとに方策勾配法による学習を行った結果が、第3章の **図3.10** となります。

Appendix 2

囲碁プログラム用のUIソフト「GoGui」およびGoGui用プログラム「DeltaGo」の利用方法

ここでは囲碁プログラム用のUIソフト「GoGui」（以下GoGui）およびGoGui用プログラム「DeltaGo」（以下「DeltaGo」のインストール、および操作方法ついて解説します。

01 DeltaGoとは

「DeltaGo」について紹介します。

A2.1.1　DeltaGoの特徴

「DeltaGo」は、「普通のPCで誰でも手軽にアルファ碁（の一部）を体験できる」をコンセプトに、本書で参照しているAlphaGoについて書かれたアルファ碁論文の最初のステップである、SLポリシーネットワークを忠実に再現したものです。

DeltaGo自体は、後述する囲碁プログラム用のUIソフト「GoGui」で動くように筆者が作成した囲碁AIのプログラムです（図A2-1）。

本プログラムは、入力48チャネル、192フィルタ、13層の畳み込みニューラルネットワークを利用しています。

筆者の検証では、本書で参照しているアルファ碁論文と同等の評価により、一致率54％程度に達しました。

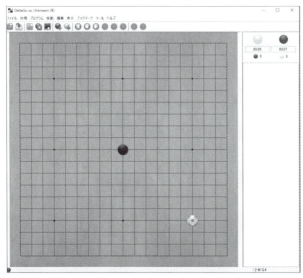

図A2-1　GoGuiでDeltaGoのプログラムを起動したところ

02 GoGuiのインストールとGoGui用プログラム「DeltaGo」の利用方法

GoGuiのインストールとDeltaGoの利用方法について解説します。

A2.2.1 DeltaGoのダウンロードと解凍

①DeltaGoをダウンロードする

図A2-2 のサイトからDeltaGoをダウンロードすることができます（2018年7月現在）。

図A2-2 DeltaGoのダウンロードページ
URL http://home.q00.itscom.net/otsuki/delta.html

②ダウンロードしたファイルを解凍する

　ダウンロードした、DeltaGo.zip（ 図A2-3 ）を解凍ソフトで解凍します。なおここではCubeICE（解凍ソフト。URL http://www.cube-soft.jp/cubeice/）を利用して解凍しています。

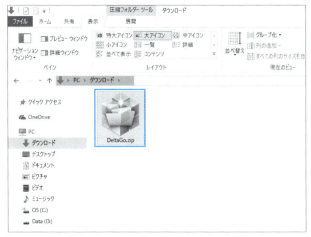

図A2-3　DeltaGo.zipをダウンロード

　「DeltaGo」というフォルダ（このフォルダ内に「winbin」と「src」フォルダがある）ができます（ 図A2-4 ）。

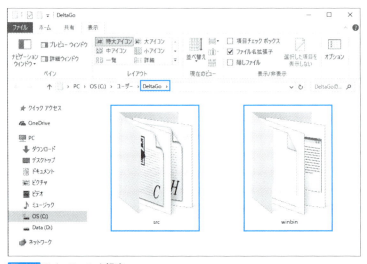

図A2-4　DeltaGo.zipを解凍

「GoGui」のダウンロードと「DeltaGo」の利用

①「GoGui」をダウンロードする

「GoGui」を次のサイトからダウンロードします（ 図A2-5 ）。

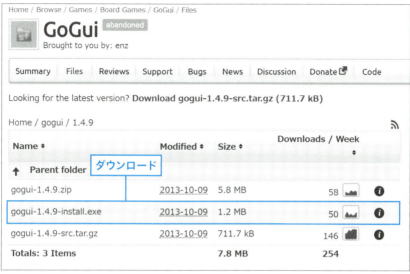

図A2-5 「GoGui」のダウンロード（Windows版）
URL https://sourceforge.net/projects/gogui/files/gogui/1.4.9/

②GoGuiをインストールする

ダウンロードしたインストーラー（gogui-1.4.9-install.exe）をダブルクリックします（ 図A2-6 ）。

図A2-6 gogui-1.4.9-install.exeをダブルクリック

「Welcome to the GoGui Setup Wizard」画面で［Next］ボタンをクリックします（ 図A2-7 ）。

図A2-7　「Welcome to the GoGui Setup Wizard」画面

「License Agreement」画面でライセンスに関する内容を読んで、問題なければ［I Agree］ボタンをクリックします（ 図A2-8 ）。

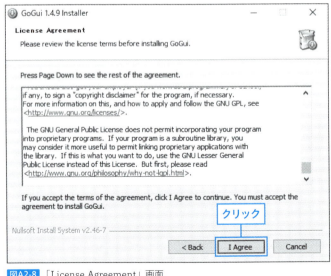

図A2-8　「License Agreement」画面

「Choose Components」画面では特に何も変更はせずに、[Next] ボタンをクリックします（ 図A2-9 ）。

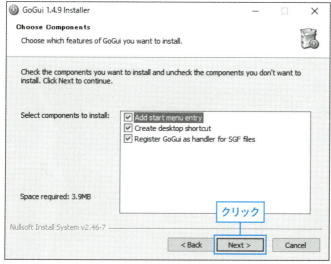

図A2-9 「Choose Components」画面

「Choose Install Locations」画面では、「Destination Folder」にインストール先を指定します（ 図A2-10①）。[Install] ボタンをクリックします（ 図A2-10②）。なお、ここではCドライブにインストールしています。

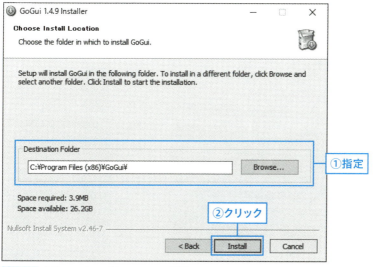

図A2-10 「Choose Install Locations」画面

「Completing the GoGui Setup Wizard」画面が表示されたら［Finish］ボタンをクリックします（図A2-11）。

図A2-11　「Completing the GoGui Setup Wizard」画面

デスクトップにGoGuiのショートカットが作成されます。ショートカットをクリックしてGoGuiを起動すると「GoGui」ウィンドウを表示します（図A2-12）。

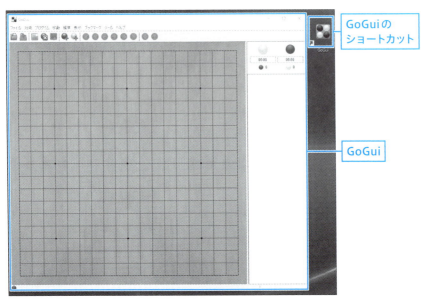

図A2-12　「GoGui」ウィンドウ

③ GoGuiから「DeltaGo」を利用する

「GoGui」ウィンドウのメニューから［プログラム］→［新規プログラム］を選択します（図A2-13①②）。

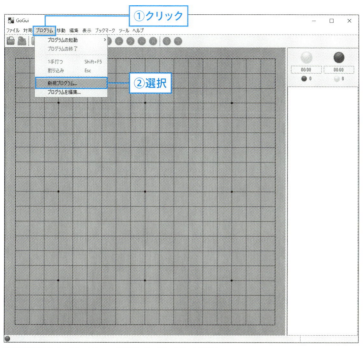

図A2-13 ［プログラム］→［新規プログラム］を選択

「新規プログラム」ウィンドウが開きます。「新規プログラム」ウィンドウで、コマンドの右の入力欄の右にある「フォルダマーク」をクリックします（図A2-14）。

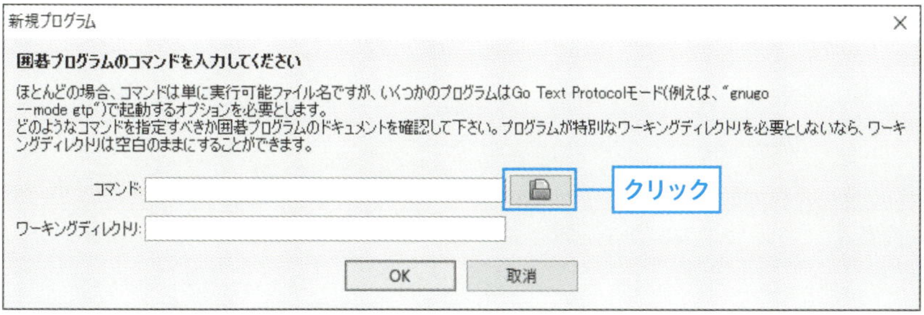

図A2-14 「フォルダマーク」をクリック

「囲碁プログラムの選択」ウィンドウが開きます。「囲碁プログラムの選択」ウィンドウで、「C:¥DeltaGo¥winbin」フォルダに入り、「deltaGo.exe」（DeltaGoアプリケーション）を選択して、[開く] ボタンをクリックします（図A2-15①②）。「囲碁プログラムの選択」ウィンドウが閉じます。

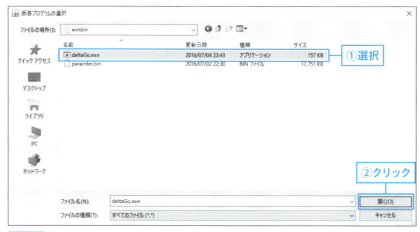

図A2-15 「deltaGo.exe」を選択

「新規プログラム」ウィンドウに戻り、ワーキングディレクトリの右の欄に、コマンド欄と同じ文字列を、winbin のところまでキーボードから入力します（例：「C:¥DeltaGo¥winbin」）。[OK] ボタンをクリックしてウィンドウを閉じます（図A2-16①②）。

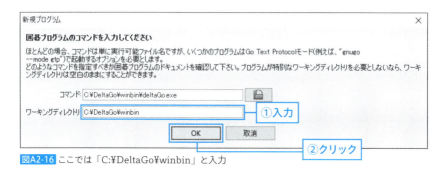

図A2-16 ここでは「C:¥DeltaGo¥winbin」と入力

MEMO 「ワーキングディレクトリ」欄への入力について

コマンド欄が、

`C:¥DeltaGo¥winbin¥deltaGo.exe`

であればワーキングディレクトリ欄に、

`C:¥DeltaGo¥winbin`

と入力してください。この時、ワーキングディレクトリの最後に￥を付けないように注意してください。

「新規プログラム」ウィンドウが開きます。「メニューラベルの編集」の「ラベル」に名前を適当に入力して（デフォルトで「deltaGo」となる）、[OK] ボタンをクリックします（図A2-17①②）。「新規プログラム」ウィンドウが閉じます。

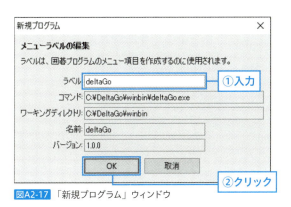

図A2-17 「新規プログラム」ウィンドウ

④ DeltaGo を起動する

「GoGui」ウィンドウで、メニューから「プログラムの起動」→「1:deltaGo」を選択します（ 図A2-18①②③ ）。

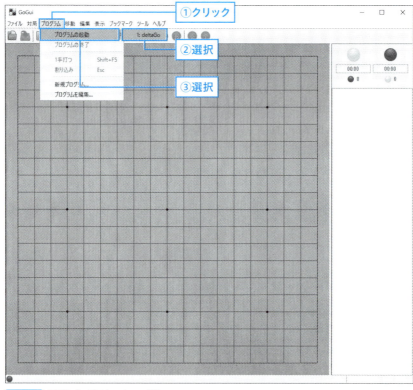

図A2-18 「新規プログラム」ウィンドウ

⑤ GoGui で DeltaGo と対戦する

「GoGui」ウィンドウ上で、黒番で初手を打ちたい場所をクリックすれば、黒石が打たれ、白番の囲碁プログラム（DeltaGo）が2手目を考えはじめます（図A2-19）。

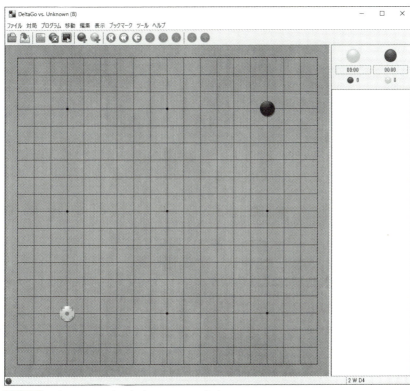

図A2-19 黒（人間：1手目）、白（DeltaGo：2手目）

ATTENTION | GoGui がうまく動かない場合

GoGui がうまく動かない場合、GoGui のインストールの過程で失敗することが多いようです。そのような時は、再度インストールしてみてください。

また、ダウンロードして解凍した deltaGo.exe そのものが利用しているコンピュータに対応していなかったり、「新規プログラム」ウィンドウにおける「コマンド」の指定やワーキングディレクトリにおける入力が誤っていたりする場合、「新規プログラム」ウィンドウの部分で失敗するケースが多いようです。

「新規プログラム」ウィンドウが表示されるところまでいけばおよそ成功です。

おわりに

　ゲームAIはとても面白い存在です。プロ棋士が何時間も考える難解な「詰碁」や「詰将棋」を一瞬で解いてしまうかと思えば、人間なら感覚的にマスターできる「布石」や「囲い」がなかなか習得できません。このアンバランスさをどう解決するかを考えることが、ゲームAI開発の醍醐味です。

　ゲームAIの世界では、「人間にしかできないと思っていたことが、突然コンピュータにできる」というブレークスルーがしばしば生じます。

　10年ほど前の話ですが、筆者の作っていた将棋プログラムにBonanzaメソッドと呼ばれる学習手法を組込んだ時のことです。何と将棋AIは、筆者が教えてもいない穴熊囲い（MEMO参照）を、自ら囲いはじめました。この時は心底驚愕しました。今回の「アルファ碁」の突然の登場も、この時に似た驚きの出来事でした。

MEMO｜穴熊囲い
将棋において利用される陣形の1つです。

　最近では、AIは人間に近づいてきました。例えば畳み込みニューラルネットワーク（CNN）は、人間の高次視覚野における認識過程を真似ています。それだけでなく、音声認識も自然言語処理も、「いったん画像に似たデータに変換してからディープラーニングで処理すると、なぜかうまくいく」ことがわかってきました。

　このことは、人間がどのようなことでもイメージを大切にして、イメージから入るのと似ているようにも思えます。

　数年前、筆者が将棋プログラムを作っていたころは、1秒に1000万局面をブルドーザーのように読んで、人間に勝つという感じでした。

　確かに強くはなりますが、人間とはあまりにも異なるアプローチに違和感がありました。それに比べれば、ずいぶんAIも人間らしくなりました。

　ただし、人間の強いプレイヤが読んでいる手の数は、十分な思考時間を与えられた場合でも高々1000～10000手くらいでしょう。

人間のほうが圧倒的に効率よく読んでおり、質としてはコンピュータを上回っていると思います。ゲームの世界においても、人間の匠の技は、まさに驚嘆すべきものです。逆に言えば、まだAI側に画期的なアイデアが出てくる余地は大きいと感じています

アルファ碁がトッププロを圧倒したことによって、2人ゼロ和有限確定完全情報に関しては、ほぼAIの軍門に下ったと言ってよさそうです。残る有名なゲームは、ブリッジ、ポーカー、麻雀などの情報の一部がわからない不完全情報ゲームということになります。ただ最近では、ブリッジや麻雀のAIもかなりの実力をつけています。またポーカーのAIも、2017年3月に、「テキサスホールデム」と呼ばれるゲームの1対1の対戦で、トッププロに勝利したというニュースが流れました。どうやら、最初にAIに仕事を奪われるのは、我々ゲームAIの開発者、ということになるのかもしれません。

ここまで長文にお付き合いいただいた読者の皆様に感謝いたします。ディープラーニング・強化学習・(モンテカルロ木)探索という3つの技術の説明を通して、読者のアイデアの引き出しが増えたとしたら、筆者としてはうれしい限りです。本書を読んで興味を持たれた読者は、ぜひアルファ碁の論文をダウンロードして読んでいただきたいと思います。読むところまではいかなくても、眺めてみるだけでも、その格調の高さを感じ取ることができるかもしれません。

なお理論的には簡潔な手法や概念でも、いざ実際に実装しようとすると、

・データ構造の設計
・例外処理
・計算量やメモリの制約

など様々な問題に直面するものです。

筆者としては、重要な部分については実装の詳細にも踏み込みたかったのですが、紙面の都合で、残念ながらそのほとんどは割愛させていただきました。本書で示した事例に関するソースコードなどはDeltaGoのページにて公開しています（2018年7月現在）。

DeltaGoのページ
URL http://home.q00.itscom.net/otsuki/delta.html

読者の方のために、日本語の参考文献をいくつか挙げておきます。

ディープラーニングについては『深層学習 Deep Learning（監修：人工知能学会）』（MEMO参照）がよくまとまっています。誤差逆伝搬法などニューラルネットワークの基礎については『ゼロから作る Deep Learning』（MEMO参照）が参考になります。

強化学習については、最近出版された『これからの強化学習』（MEMO参照）がよくまとまっていると思います。

またモンテカルロ木探索の実装についてはぜひ『コンピュータ囲碁 ―モンテカルロ法の理論と実践―』（MEMO参照）を参考にしてみてはいかがでしょう。

なおいずれの分野も、最近はWebページがかなり充実しており、最新の情報はWeb検索することをお勧めします。

最後に、本稿の執筆のきっかけを与えていただいた翔泳社の担当編集者宮腰隆之氏、監修していただいた三宅陽一郎氏に感謝いたします。また本書の内容につき貴重なコメントをいただいた、相阪有理、松野裕、中田朋樹、酒井政裕の各氏に感謝いたします。またこれまで私を支えてくれた母と妻、そして（現在『強化学習』中の）2人の子供たちに感謝します。さらに私に最初に数学や囲碁の面白さを教えてくれた、12年前に亡くなった父に感謝します。

2018年7月吉日

大槻知史

MEMO｜ディープラーニングの参考文献

『深層学習 Deep Learning（監修：人工知能学会）』
（麻生 英樹、安田 宗樹、前田 新一、岡野原 大輔、岡谷 貴之、久保 陽太郎、ボレガラ ダヌシカ 著、人工知能学会 監修、神嶌 敏弘 編集、近代科学社、2015年）

MEMO｜ニューラルネットワークの参考文献

『ゼロから作るDeep Learning ―
Pythonで学ぶディープラーニングの理論と実装』
（斎藤康毅 著、オライリージャパン、2016年）

MEMO｜強化学習の参考文献

『これからの強化学習』
（牧野 貴樹、澁谷 長史、白川 真一 著・編集、浅田 稔、麻生 英樹、荒井 幸代、飯間 等、伊藤 真、大倉 和博、黒江 康明、杉本 徳和、坪井 祐太、銅谷 賢治、前田 新一、松井 藤五郎、南 泰浩、宮崎 和光、目黒 豊美、森村 哲郎、森本 淳、保田 俊行、吉本 潤一郎 著、森北出版、2016年）

MEMO｜モンテカルロ木探索の実装の参考文献

『コンピュータ囲碁 ―モンテカルロ法の理論と実践―』
（美添 一樹、山下 宏 著、松原 仁 編集、共立出版、2012年）

INDEX

記号・数字

○×ゲーム	179
12近傍	057, 059
19路盤	043
48チャネル	096
6x6オセロ	180
8x8オセロ	180
8近傍	055, 056

A/B/C

AdaGrad	090
Adam	090
AlexNet	091
AlphaGO	006
AlphaGo Fan	278
AlphaGo Lee	275, 278
AlphaGo Master	278
AlphaGO Teach	030
AlphaGo Zero	007, 278
APV-MCTS	223
APV-MCTSの更新処理	232
APV-MCTSの展開処理	231
APV-MCTSの評価処理	232
APV-MCTSの効果	241
APV-MCTSの選択処理	231
arc	185
ATARI 2600ゲーム	141
backpropagation	088
Caffe	123
Chainer	123
CNN	095
Compute Unified Device Architecture	111
CrazyStone	212
CUDA	109

D/E/F

Deep Q learning Network	141, 158
DeltaGo	071, 300
DQN	141
Erica	042
exploitation	144
exploration	144
exploration-exploitation tradeoff	144

G/H/I

General Purpose computing on Graphics Processing Units	111
GetLegalMoveList	047
Gnu Go	215
GoGui	301
GoogLeNet	092
GPGPU	111
GPU	111

GPU による並列化 129

Graphics Processing Unit 109

IBM 140

ILSVRC 091

ImageNet Large Scale Visual

Recognition Challenge 091

initialize 046

J/K/L

KGS 112

Kiseido Go Serve 112

leaf node 187

loss function 085

M/N/O

Magister 040

Master 040

"Mastering the game of Go with deep

neural networks and tree search"

.... 003

Max ノード 189

min-max tree 189

Min ノード 189

"Mixed National Institute of Standards

and Technology database" 072

MNIST 072, 073, 115

move 047

node 185

NVIDIA 111

P/Q/R

policy gradient methods 155

progressive widening 213, 214

Python 123, 125

Q learning 140, 151

Rapid Action Value Estimate 212

RAVE 212

Rectifier Linear Unit 078

REINFORCE アルゴリズム 167, 297

ReLU 078

ReLU 関数 066

ReLU 関数の勾配 083

residual block 094

ResNet 092, 094

RL ポリシーネットワーク

.... 161, 165, 168

RMSProp 090

root node 187

S/T/U

Sarsa 法 139

SGD 090

SL ポリシーネットワーク 095, 097, 101,

103, 106, 109, 118, 127, 183, 228, 290

softmax 075

stochastic gradient decent 090

Supervised Learning 097

tanh 関数 121

TD-Gammon 139

Tensor Processing Unit	111	囲碁AI	003
TensorFlow	123	囲碁の神	028
THE MNIST DATABASE	072	イ・セドル九段	034
TPU	111	1次式	082
UCB1	146	一致率	058
UCB1アルゴリズム	147	一般物体認識タスク	092
UCB方策	146	イロレーティング	035
unmove	047	インセプション	092
Upper confidence bound 1	146	後ろ向き処理	088

V/W/X/Y/Z

Zen 037

あ

アーキテクチャ	006	エージェント	135
アーク	185, 187	枝刈り	190
穴熊囲い	312	エニグマ	032
アマチュア三段程度	119	エピソード	150
アラン・チューリング	032	エラー率	092
アルファ碁		エリック・シュミット	015
003, 031, 037, 095, 161, 220, 244		オセロ	034
アルファ碁ゼロ		重み	054, 055, 056
246, 257, 263, 278, 280, 282, 284		重み和	058, 066
アルファ碁の強化学習	161	親ノード	187
アルファベータ法	190	音声認識	069
アンサンブル学習	119		

ε -グリーディ法 155

か

活き	052	過学習	101, 118
囲碁	015, 033	学習	004, 053
		学習データ	053, 088
		学習率	085, 090
		確定	179
		確率的勾配降下法	090
		隠れマルコフモデル	069

柯潔九段	015
画像処理	084, 091
画像処理用プロセッサ	115
価値	051, 135
価値ベースの手法	151
活性化関数	066
神の一手	282
ガルリ・カスパロフ	033
関数近似法	140
完全情報	179
観測	135
機械学習	004, 036, 053, 068, 071
機械翻訳	069
疑似コード	046
強化学習	005, 138, 142, 148
教師付き学習	053, 065, 118
兄弟ノード	188
共有メモリ	236
局所的最適解	087, 090
局所的なパターン	078
局面	046
クイズ	140
グーグル・ディープマインド	003
グーグル・ディープマインド チャレンジマッチ	
	038
クラスタ構成	235
黒石チャネル	106
クロスエントロピー関数	125
経験に学ぶAI	134

ゲーム	134
ゲームAI	032, 033, 071
ゲーム木	183
ゲーム木探索の性質	272
原始モンテカルロ	196
検出器	077
コウ	021, 043
後悔	146
交叉点	043, 096, 099
更新処理	085, 087, 199
更新幅	085
行動	135
行動価値関数	139, 141, 149
勾配	082, 083
勾配降下法	085
勾配消失問題	084
合法手	034, 047
合法手の数	051, 119, 183, 195
呼吸点	048
誤差逆伝搬法	068
子ノード	187, 188
コミ	024
5目並べ	179
コンパイラ	111

さ

サーバーマシン	111
サイコロ	139, 179
最善手	119

最短経路	149	囚人のジレンマゲーム	179
最適化	054, 055, 085, 135, 217	樹状突起	065
最適制御	138	出力層	068, 074
最良優先探索	262	将棋	032, 033, 185
先読みするAI	178	定石生成機能	222
残差ネットワーク	251	状態	033, 142
残差ブロック	094	状態価値関数	139
3層ニューラルネットワーク	068, 075	勝率予測値	121
死	052	勝率予測部	250
地	018, 043	ショートカット	092
自己対戦	263	ジョン・フォン・ノイマン理論賞	138
しらみ潰し探索	177, 185	しらみ潰し	181
ジェラルド・テサウロ	139	しらみ潰し探索	051, 185
死活	051, 052	白石チャネル	106
死活判定機能	223	シンギュラリティ	285
軸索	065	人工知能	003, 032
軸索末端	067	深層強化学習	139
シグモイド関数	058, 125	深層ニューラルネットワーク	003, 246
シグモイド関数の勾配	082	真の成功率	142
次元の呪い	138	信用リスクモデル	055
試行回数	144	数字	072
自己対戦	026, 161	スーパーコンピュータ	033
樹状突起	065	数理モデル	054
指数オーダ	183	すごろく	179
シチョウ	098	ステップ数	153
自動微分	126	スロットマシン	142
シナプス結合	068	正解	024, 134
シミュレーション	111	正解ラベル	053
従来型のMCTS	257	制御理論	138

成功率 142	中国ルール 038
積和 066, 078, 271	チューニング 053, 174
セルフプレイ 263	直観に優れたAI 064
セルフプレイの終了判定方法 268	チンパンジーのアイ 136
ゼロパディング 127	「次の一手」タスク 050, 096, 161
ゼロ和 179	次の一手予測部 250
ゼロ和ゲーム 188	ツリーポリシー 059
全結合層 094	ディープ・ブルー 033
全体を制御するAI 220	ディープラーニング 004, 064, 123,
素子 066	246, 285
ソフトマックス関数 097	ディープラーニング用フレームワーク 123
損失関数 085	手書き数字認識 072
	テストデータ 118
	デビッド・シルバー 042
た	デミス・ハサビス 014, 035
大域的最適解 086, 087	デュアルネットワーク ....
大量のCPU・GPU 234	244, 245, 247, 253,254, 259, 263, 280
畳み込み計算 082, 106	テレビゲーム 158
畳み込み処理 078	点 043
畳み込み層 101	展開処理 199, 204, 231
畳み込みニューラルネットワーク	テンソルフロー 111
072, 082, 095, 220	動的計画法 139
多段のニューラルネットワーク 082	どうぶつしょうぎ 179, 180
多腕バンディット 142	特徴抽出 053
探索 183	特徴マップ 077
探索アルゴリズム 051	トランプのババ抜き 179
チェス 032, 035	トランプのポーカー 179
チューリングマシン 032	トレードオフ 144
チャネル 096	ドロップアウト 101
中間層 068, 074	

INDEX

321

な

生データ	054, 070
2次元画像	096
日本ルール	044
ニューラルネットワーク	012, 065
入力チャネル	102
ニューロン	065, 078
入力層	068, 074
ネットワーク構造	101
ノイズ	054
ノード	066

は

バーチャルロス	230
バイアスパラメータ	127
パク・ジョンファン	040
パターン	057, 078, 106
バックギャモン	139
バックプロパゲーション	068
バッチ正規化	101
パディングサイズ	127
羽生善治	035
パラメータ	053, 058, 085
パラメータ最適化	054
バリエーション	055, 167
バリューネットワーク	121, 122, 169, 220, 225, 226, 230, 231, 292
汎化	118

判別能力	053
盤面情報	096, 097
汎用性	119
ヒートマップ	104
非同期方策価値更新モンテカルロ木探索	225, 228
評価関数	051, 185, 192, 215, 272
ファン・フイ二段	039
フィルタ	077
フィルタ重み	080, 081, 085, 115, 253
フィルタサイズ	104
プーリング	101
深さ延長	192
2人ゼロ和有限確定完全情報ゲーム	178
部分形状	077, 080
プリファード・ネットワークス	123, 141
プレイアウト	102, 196, 197
ブレークスルー	036, 095, 215
フレームワーク	069, 111, 123, 125, 141
フローチャート	116, 171
プログレッシブワイドニング	213, 214, 231
分類能力	074, 082
分類問題	072, 096, 125
並列実行	094, 167
並列探索	234
平行移動	078
方策	137, 139
方策関数	137, 138, 155, 156, 157

方策勾配法 139, 155, 156

報酬 135

膨大な種類の特徴 118

ポーカー 035

ボット 112

ポリシーネットワーク
.... 097, 098, 103, 139, 221, 293

ま

麻雀 179

マインドスポーツ 035

マインドスポーツオリンピアード 035

前処理 053

前向き計算のルール 125

マス 047, 148

マルチタスク学習 251

三浦弘行九段 033

未知データ 118

ミニバッチ 090, 115

ミニマックス木 185, 189

眼 044

迷路 148

迷路の強化学習 149

メモリサイズ 129

モデル化 053, 055, 058, 285

モデル化フェーズ 058

モンテカルロ木探索
.... 195, 196, 199, 212, 245,
          257, 260, 261, 286

や

予測結果 118

予測能力 053

予測モデル 053, 055, 070

ら

ライブラリ 111

ランダム 046, 117

ランダムシミュレーション 195

ランダムプレイ 153

リーフノード 187, 188, 192, 200, 257

リグレット 146

リチャード・E・ベルマン 138

利用 144

領域 101

ルートノード 187, 232, 233

連 048

ロールアウトポリシー .. 057, 206, 221, 225

ロジスティック回帰 054, 057, 068, 226

ロジスティック回帰モデル 054

ロックレスハッシュ 230, 236, 238

ロボットアーム 138

わ

ワトソン 140

大槻知史(おおつき・ともし)

2001年東京大学工学部計数工学科卒業。2003年同大学院新領域創成科学研究科複雑理工学専攻修士課程修了。以降、機械学習・最適化などの研究開発に取り組む。ゲームAIプログラマとしては、2001年より、囲碁・将棋プログラムの開発に従事。著者の開発した将棋プログラム「大槻将棋」は、2009年世界コンピュータ将棋選手権にて第2位。博士（情報理工学）。

三宅陽一郎(みやけ・よういちろう)

デジタルゲームの人工知能の開発者。京都大学で数学を専攻、大阪大学大学院物理学修士課程、東京大学大学院工学系研究科博士課程を経て、人工知能研究の道へ。ゲームAI開発者としてデジタルゲームにおける人工知能技術の発展に従事。国際ゲーム開発者協会日本ゲームAI専門部会設立（チェア）、日本デジタルゲーム学会理事、芸術科学会理事、人工知能学会編集委員。共著『デジタルゲームの教科書』『デジタルゲームの技術』『絵でわかる人工知能』（SBクリエイティブ）、著書『人工知能のための哲学塾』（BNN新社）、『人工知能の作り方』（技術評論社）、『ゲーム、人工知能、環世界』（現代思想、青土社、2015年12月）、最新の論文は『デジタルゲームにおける人工知能技術の応用の現在』（人工知能学会誌 2015年、学会Webにて公開）。

装丁・本文デザイン		大下賢一郎
装丁写真		fStop Images/アフロ
DTP		株式会社 シンクス
対戦レポート		内藤由起子
レビュー		佐藤弘文

最強囲碁AI アルファ碁 解体新書 増補改訂版 アルファ碁ゼロ対応
深層学習、モンテカルロ木探索、強化学習から見たその仕組み

2018年 7月17日 初版第1刷発行

著　者		大槻知史(おおつき・ともし)
監修者		三宅陽一郎(みやけ・よういちろう)
発行人		佐々木幹夫
発行所		株式会社翔泳社(https://www.shoeisha.co.jp)
印刷・製本		株式会社ワコープラネット

©2018 TOMOSHI OHTSUKI , YOICHIRO MIYAKE

本書は著作権法上の保護を受けています。本書の一部または全部について（ソフトウェアおよびプログラムを含む）、株式会社翔泳社から文書による許諾を得ずに、いかなる方法においても無断で複写、複製することは禁じられています。
本書へのお問い合わせについては、002ページに記載の内容をお読みください。落丁・乱丁はお取り替えいたします。
03-5362-3705までご連絡ください。

ISBN978-4-7981-5777-1
Printed in Japan